Martin Bichler

Aufbau unternehmensweiter WWW-Informationssysteme

Martin Bichler

Aufbau unternehmensweiter WWW-Informationssysteme

ISBN-13: 978-3-322-86598-4   e-ISBN-13: 978-3-322-86597-7
DOI: 10.1007/978-3-322-86597-7

Vorwort

„Although information presentation is, at the moment, the most important Web application this will change rapidly over the next year or two." [siehe Maur96, 36]

Die Aufgabe des Informationsmanagements ist es, eine Informationsinfrastruktur bereitzustellen, die die Erfolgspotentiale des Betriebes sichert und weiter ausbaut. Die Mitarbeiter sollten möglichst umfassend mit Information versorgt werden. Im Laufe der Zeit wurden die verschiedensten Techniken angewendet, um dieses Ziel zu erreichen. Die Systeme wurden immer mächtiger, die Benutzer konnten aber nicht im gleichen Ausmaß davon profitieren. Verschiedene Betriebssysteme, verschiedene Datenformate und unterschiedliche Benutzeroberflächen führten zu einer fast „babylonischen Sprachverwirrung" und verlangen vom Benutzer erhebliches EDV-technisches Fachwissen, um daraus die für ihn wichtige Information zu extrahieren. Das World Wide Web (WWW, Web) ist unabhängig vom Ort und der verwendeten Plattform einfach zu bedienen. Dokumente, die über das WWW zur Verfügung gestellt werden, können von jedem Rechner im Internet aus abgerufen werden. Zahlreiche Experten versprechen, daß dadurch viele Bereiche der betrieblichen Informationsverarbeitung revolutioniert werden. Diese Arbeit beschreibt den Aufbau unternehmensweiter Informationssysteme auf Basis des World Wide Web. Welches Potential diese Technik für das Informationsmanagement hat, läßt sich am besten durch einen kurzen Rückblick auf die Entwicklungsgeschichte betrieblicher Informationsverarbeitung zeigen.

Viele der Altsysteme basier(t)en auf proprietären Hostlösungen. Diese boten eine homogene, zentralisierte Umgebung, die von wenigen Produktspezialisten administriert wurde.

"

Man begab sich aber dadurch auch in die Abhängigkeit der großen Anbieter und war durch die hohen Investitionskosten über Jahre hinaus an diese gebunden. Zudem war es sehr schwer, diese starren Systeme dem Firmenwachstum anzupassen. „Die Notwendigkeit zur Flexibilität und die Konzentration auf das Kerngeschäft führen dazu, daß sich große, monolithische Unternehmen zunehmend zu Netzwerken kleiner, flexibler und selbstverantwortlicher Geschäftseinheiten wandeln" [siehe ÖsRi96, 138]. Eine der größten Neuerungen in der betrieblichen Informationsverarbeitung der letzten Jahre waren daher Client-Server-Architekturen. Unter Client-Server-Architekturen versteht man eine kooperative Datenverarbeitung, bei der verschiedene Aufgaben unter verbundenen Rechnern aufgeteilt werden [vgl. Hans96c, 64].

Durch den Einzug von PCs in die Unternehmen konnten die bis dato „dummen" Terminals durch relativ „intelligente" Arbeitsplatzrechner ersetzt werden, die selbst Aufgaben wie Textverarbeitung oder Datenaufbereitung übernahmen. Mit der fortschreitenden Vernetzung entstand eine Art Arbeitsteilung zwischen PCs, UNIX-Workstations und Großrechnern. Diese Arbeitsteilung soll eine Reihe von Zwecken verfolgen. Hardware- wie auch Softwareressourcen sollen von den Mitarbeitern gemeinsam genutzt und dadurch besser ausgelastet werden. Ein weiteres wichtiges Argument ist Skalierbarkeit. Dieses als Downsizing, Upsizing beziehungsweise Rightsizing bezeichnete Merkmal bringt es mit sich, daß die IT-Infrastruktur relativ schnell an die betrieblichen Erfordernisse angepaßt werden kann. Im Laufe der Zeit entstanden die verschiedensten Arten von Client-Server-Systemen, von einfachen Datei-Servern bis zu Transaktionsservern und verteilten Objekten. Abbildung 1 veranschaulicht das zeitliche Aufkommen verschiedener Client-Server-Techniken.

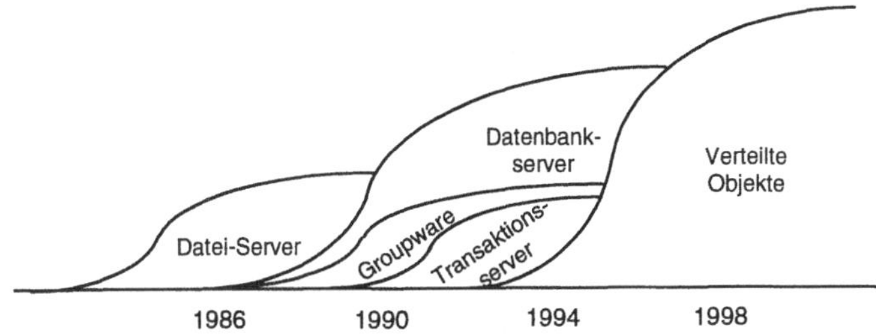

Abbildung 1:
Client-Server-
Entwicklung
[nach OrHa97,
54]

All diese Systeme stammen von verschiedenen Herstellern, haben unterschiedliche Betriebssysteme, unterschiedliche Benutzeroberflächen, unterschiedliche Formate und können daher nur schwer miteinander kommunizieren. Neben einem beachtlichen Know-how, das vom Benutzer verlangt wird, ist vor allem die Administration solch heterogener Systemlandschaften ein äußerst schwieriges Unterfangen. Client-Server-Entwicklung hat mittlerweile den Ruf, teuer und kompliziert zu sein. Verantwortlich dafür ist das Konglomerat aus proprietären Entwicklungswerkzeugen, Schnittstellen, Plattformen und Netzwerkprotokollen.

zu netzwerkzentrierten, WWW-basierten Informationssystemen

Das World Wide Web hat daneben seit 1989 eine fast revolutionäre Entwicklung durchgemacht und bietet nun ganz neue Optionen für betriebliche Anwendungen. Durch den Einsatz von Internetdiensten in immer mehr Bereichen etabliert sich der WWW-Browser als universeller Client. Der Benutzer hat es für verschiedene Arbeitsabläufe immer mit der gleichen Benutzeroberfläche zu tun, was die Bedienung von Programmen vereinfacht und Fehlerquellen reduziert. Entwicklungen wie Suns Java erhöhen auch die Funktionalität der Browser beträchtlich. „Client/server's future is on the Web" eine Schlagzeile aus der Computerworld [siehe Groc95, 18] verdeutlicht die Erwartungen der Softwarehersteller. Grund dafür sind eine Reihe bestechender Vorteile:

Das WWW ist plattformunabhängig. In heterogenen Systemen entfallen teure Softwareportierungen beziehungsweise die Cross-Plattformentwicklung. Große Vorteile bietet die Verwendung verbreiteter Internet-Standards wie TCP/IP, der

Hypertext Markup Language (HTML), des Hypertext Transfer Protocol (HTTP) oder des Simple Mail Transfer Protocol (SMTP). Sie haben sich in zahlreichen großen Installationen bewährt und sind nicht proprietär. Außerdem ist damit die Anbindung von Intranets an das Internet denkbar einfach und erlaubt es externen und mobilen Benutzern auf Unternehmensdaten zuzugreifen. Darüber hinaus macht die Standardisierung den unkomplizierten Informationsaustausch zwischen innerbetrieblichen Informationssystemen und Geschäftspartnern möglich [vgl. Somm96, 9].

⇒ Sichere Protokolle wie Netscapes SSL, PCT oder S-HTTP erlauben, daß betriebliche Anwendungen auch im Web eingesetzt werden können. Das ist vorteilhaft für Unternehmen mit ausgeprägter Filialstruktur (Handel, Banken), für Elektronischen Handel oder für Tele-Working. Mit dem Web-Browser als Benutzerclient können von überall aus Anwendungen gestartet werden. Dadurch entfällt auch das leidige Problem der Verteilung neuer Software-Releases.

⇒ Mit den Hypermedia-Fähigkeiten und den Elementen klassischer grafischer Benutzeroberflächen kann der Entwickler ergonomische Anwendungen erstellen.

⇒ Web-Techniken ermöglichen es, operative Altsysteme mit einer neuen Benutzeroberfläche auszustatten. Relativ kostengünstig lassen sich WWW-Clients erstellen. Zumindest für die gängigen Datenbanken gibt es brauchbare Ansätze.

⇒ E-Mail und elektronische Diskussionslisten können, richtig eingesetzt, die innerbetriebliche Kommunikation und Organisation verbessern. Die Bausteine einer Intranet-Lösung sind zum Großteil gratis im Netz zu beziehen.

Bis zur Jahrtausendwende sollen über zwei Drittel der deutschen Unternehmen auf Intranets zugreifen können [vgl. Comp97]. Zona Research prophezeit ein Umsatzwachstum um das 16fache für Intranet-Software auf acht Milliarden Dollar innerhalb der nächsten drei Jahre [vgl. Somm96, 9]. Fast alle großen Softwareunternehmen sind daher bemüht, ihre Produkte WWW-tauglich zu machen beziehungsweise mit WWW-Oberflächen auszustatten [vgl. auch Born96]. Das Web ist auf dem Weg, zur universellen Benutzerschnittstelle zu den verschiedensten betrieblichen IS-Ressourcen zu werden - von Textdokumenten über Datenbanken, Groupware bis hin zu integrierter betriebswirtschaftlicher Standardsoftware wie SAP. „Das Internet entwickelt sich zum bedeutendsten Integrator der Informatikgeschichte. Standards wie HTTP, FTP und SMTP sowie das universelle Adressierungssystem URL haben vielfältige Applikationen und Plattformen kommunikationsfähig gemacht" [siehe ÖsRi96, 19].

Zielsetzung

Vor diesem Hintergrund ist dieses Buch entstanden. Es stellt den State-of-the-Art WWW-basierter Informationssysteme dar, sowohl hinsichtlich der technischen Grundlagen als auch der praktischen Umsetzung von WWW-Projekten. Es soll helfen,

⇒ sich im komplexen Themengebieten unternehmensweiter WWW-Informationssysteme zurecht zu finden und dabei Techniken wie HTML, Java, CORBA oder Datenbankintegration einordnen zu können.

⇒ die Komponenten unternehmensweiter WWW-Informationssysteme sowie den Aufbau der nötigen IT-Infrastruktur zu identifizieren und

⇒ Methoden und Vorgehenskonzept für die Umsetzung konkreter WWW-Projekte zu finden.

Das Buch wendet sich an Softwareentwickler mit objektorientierten Kenntnissen, Leiter und Mitarbeiter von WWW-Projekten, Informationssystem-Manager sowie Studenten und Dozenten der Informatik und Wirtschaftsinformatik.

Danksagung

Ohne die Unterstützung vieler Freunde hätte dieses Buch nicht entstehen können. Besonderer Dank gilt Herrn Professor Hans Robert Hansen für die Förderung der Arbeit, seine Unterstützung und die hervorragenden Rahmenbedingungen am Institut für Wirtschaftsinformatik der Wirtschaftsuniversität Wien. Zu größtem Dank bin ich meinem Freund und Kollegen Dr. Stefan Nusser verpflichtet, mit dem auch gemeinsam die WWW-Entwurfsmethode W3DT entwickelt wurde. Vor allem Claudia Stoiss und auch andere Freunde aus meinem privaten Umfeld halfen mir mit aufmunternden Worten über gelegentliche Durststrecken hinweg. Dr. Christian Bauer, Dipl.-Ing. Willi Langenberger, Dr. Andreas Wildberger sowie allen anderen Kolleginnen und Kollegen an der Abteilung für Wirtschaftsinformatik danke ich für zahlreiche Anregungen und Gespräche.

Wien, im Juli 1997 der Autor

Inhaltsverzeichnis

1 Einleitung

"Whereas automation effectively hid many operations of the overall enterprise from individual workers, information technology tends to illuminate them. It can quickly give any employee a comprehensive view of the entire business or nearly infinite detail on any of its aspects."
[siehe Zubo95, 204]

1.1 Unternehmensweite WWW-Informationssysteme

Das World Wide Web eignet sich durch die einfache Benutzung und die Plattformunabhängigkeit sehr gut als Oberfläche für die verschiedensten Anwendungen. In zahlreichen Praxisprojekten wird derzeit versucht, bestehende betriebliche Informationssysteme mit dem WWW zu verknüpfen, um diese dadurch im gesamten Internet oder im lokalen Intranet verwenden zu können. *Ziel ist es, eine universelle Benutzerschnittstelle zu den zahlreichen betrieblichen Informationsressourcen zu schaffen - ein unternehmensweites WWW-basiertes Informationssystem.* Dieses Informationssystem soll es für einen Mitarbeiter, einen Lieferanten oder einen Kunden möglich machen, daß die für ihn wichtigen betrieblichen Daten jederzeit und von jedem Knoten des Netzes aus erreichbar sind. Für Kunden stellt es eine Quelle dar, in der sie sich jederzeit über Angebote oder die Abwicklung von Bestellungen informieren können. Mitarbeiter finden darin aktuelle Information über Lagerbestände oder Zahlen aus dem Rechnungswesen. Die Unternehmensleitung findet aggregierte Zahlen über Umsätze und Gewinnspannen.

Digitale Biblio-
thek

In den USA finden derzeit zahlreiche Forschungsprojekte statt, in denen versucht wird, moderne Telekommunikationstechniken und Datenverwaltungstechniken zu verknüpfen, um daraus eine neue Generation von Informationssystemen zu bauen. Diese Projekte laufen großteils unter dem Titel *digitale Bibliothek* (engl.: digital library). Eine digitale Bibliothek bietet eine Architektur, in der die in digitalen Dokumenten und Datenbanken verstreute Information bearbeitet, gefiltert und aggregiert wird [vgl. KaWh96, 451 f.]. Sie benötigt wie ihr reales Pendant Kataloge und andere Metadaten sowie Zugriffsrechte je nach Benutzer. Der technische Fokus dieser Systeme liegt auf fortgeschrittenen Such- und Speichertechniken und dem Zugriff darauf über moderne Telekommunikationsmittel [vgl. Wied95b, 86 f.]. In einer mit 24,4 Millionen US-Dollar dotierten Ausschreibung der National Science Foundation (NSF) steht dazu:

„The projects' focus is to dramatically advance the means to collect, store, and organize information in digital forms, and make it available for searching, retrieval and processing via communication networks - all in user-friendly way. ...“

„Source information targeted by the joint initiative takes many forms - text, numerical data, visual images and symbols, sounds and spoken words and video clips. It is stored and recorded on numerous types of media - paper, film, and high capacity magnetic and optical storage. The content may include reference materials, scholarly journals, satellite mapping images, video archives, environmental data and instructional materials of all types. The information sources may reside physically at hundreds of thousands of geographically remote locations. When stored in digital form, organized and connected through an electronic network, the information resources become the ingredients of a digital library, available to users from around the country and the world“ [siehe NSF96].

Der Begriff digitale Bibliothek ist ein allgemeiner Überbegriff für verschiedene Systeme, die den Benutzern Zugriff auf eine große Menge von Information in den unterschiedlichsten

Formaten gibt. Sie schafft ein einheitliches Informationssystem für im Netzwerk verstreute Daten und deren Bearbeitung. Eine digitale Bibliothek stellt eine lose Sammlung verteilter On-line-Informationsquellen - Datenbanken und elektronischer Dokumente - dar [vgl. KaWh96, 451]. Hier enden aber auch schon die Gemeinsamkeiten in der Literatur. Einige sehen eine digitale Bibliothek als einfaches verteiltes textbasiertes Informationssystem [vgl. Crof95, 42 f.], andere sehen sie als Sammlung von verteilten Informationssystemen und Anwendungen [vgl. Wile95, 60] oder als multimediales Netzwerkinformationssystem.

Unternehmens-
weite WWW-
Informations-
systeme

Diese Arbeit beschreibt eine neue Generation betrieblicher Informationssysteme, deren Konzept sehr stark dem der oben beschriebenen digitalen Bibliotheken ähnelt. Moderne Internet-Techniken bieten für viele Unternehmen erstmals die Grundlagen, um die unterschiedlichen betrieblichen Informationssysteme zu einem für den Benutzer einheitlichen unternehmensweiten Informationssystem zu integrieren. Diese basieren auf einer Vielzahl unterschiedlichster Informationsressourcen, die auf verschiedenen Netzwerkknoten verteilt sind. Diese Systeme werden im weiteren als *unternehmensweite WWW-Informationssysteme* bezeichnet. Sie stellen ein einheitlich zu bedienendes unternehmensweites Informationssystem dar, das für die verschiedensten Benutzergruppen Zugriff auf die betrieblichen Anwendungen gewährt. Der Zugriff kann dabei von jedem Knoten des Netzwerkes aus erfolgen.

Beim Versuch internetbasierte Informationssysteme zu kategorisieren, geht man meist den Weg, sie nach Benutzergruppen einzuteilen. Mit Intranets versucht man die Mitarbeiter eines Unternehmens zu erreichen. Im Gegensatz dazu stellen Extranets Information für unternehmensexterne Benutzer wie Kunden oder Lieferanten zur Verfügung. Beide Konzepte stellen Informations- und Kommunikationssysteme für bestimmte Benutzergruppen dar. Das unternehmensweite WWW-Informationssystem stellt die Gesamtheit aus Intranet und Extranet dar.

1.2   Zielsetzung des Buches

Thema dieser Arbeit ist der Aufbau unternehmensweiter Informationssysteme. Ein unternehmensweites Informationssystem muß eine Reihe von Voraussetzungen erfüllen, die im dynamischen Umfeld heutiger Unternehmen unabdingbar sind:

- *Unterstützung der betrieblichen Informationsbedürfnisse*
  Der Benutzer soll über eine einheitliche Schnittstelle auf alle für ihn relevanten Informationsressourcen zugreifen können.

- *Ortstransparenz*
  Für den Benutzer soll es keine Rolle spielen, wie die IT-Ressourcen geographisch verteilt sind. Die Benutzerschnittstelle soll daneben unabhängig von der eingesetzten Hardware- oder Betriebssystemplattform sein und von jedem Netzknoten aus aufgerufen werden können.

- *Ergonomie*
  Fortgeschrittene graphische Benutzerschnittstellen sollen auch dem Laien ein komfortables Arbeiten ermöglichen. Standardisierte Schnittstellenelemente sollen die Benutzung vereinfachen.

- *Skalierbarkeit*
  Das System soll leicht an das Wachstum und die Informationsbedürfnisse eines Betriebes angepaßt werden können.

- *Offenheit und Integration bestehender Systeme*
  Neue Softwarekomponenten sollen einfach mit dem bestehenden System kombinierbar sein. Dazu werden herstellerneutrale, offene Standards verwendet.

- *Sicherheit*
  Die Informationssysteme müssen eine durchdachte Menge von Zugriffsrechten beinhalten und eine sichere Datenübertragung und Authentifizierung gewährleisten.

Fragestellung des Buches

Rein WWW-basierte Lösungen weisen bei einigen dieser Kriterien noch erhebliche konzeptionelle Schwächen [siehe Abschnitt 2.7] auf. Eine grundlegende Frage ist daher: *Kann das*

Web als Infrastruktur für unternehmensweite Informationssysteme in einer verteilten Umgebung dienen? Oder: Wie können bestehende, im Netzwerk verstreute Informationsressourcen mit Hilfe des World Wide Web zu einem einheitlichen, unternehmensweiten Informationssystem ausgebaut werden?

WWW-Rahmen-konzept

Aus dieser grundlegenden Fragestellung leiten sich zahlreiche Fragen zum Aufbau und zur Entwicklung von WWW-Informationssystemen ab. Ebenso wie bei anderen innovativen Initialprojekten muß eine Technologie-Strategie, Anwendungsplanung und technische Konzeption erstellt werden, die wir als *WWW-Rahmenkonzept* bezeichnen. Das WWW-Rahmenkonzept beschreibt kurz-, mittel- und langfristige Ziele und bildet somit eine Festlegung der verwendeten Techniken, der aktuellen und möglichen Anwendungsbereiche, Schnittstellen zur bestehenden und zukünftigen Infrastruktur sowie notwendige Funktionskomponenten der grundlegenden Bausteine.

Das WWW-Rahmenkonzept ist das Entwurfsdokument, in dem der Aufbau des betrieblichen Intranets und Extranets festgelegt ist. Diese Arbeit soll das nötige Wissen zur Entwicklung eines WWW-Rahmenkonzeptes bieten. Einerseits werden die *technischen Bausteine* identifiziert, auf denen ein unternehmensweites WWW-Informationssystems basiert. Andererseits wird ein *Methodenset* vorgestellt, um ein konkretes WWW-Rahmenkonzept zu entwickeln.

Beim Anfertigen eines WWW-Rahmenkonzeptes stellt man relativ rasch fest, welche Komplexität letztlich hinter einem unternehmensweiten WWW-Informationssystem steckt. Pitschek [vgl. Pits96a, 40] stellt in diesem Zusammenhang *sieben grundlegende Fragen* für die erfolgreiche Konzeption von Internet Projekten, die durch diese Arbeit beantwortet werden sollen:

- Welche Techniken und Systeme sind derzeit und mittelfristig am Markt erhältlich, um die gegebenen Anforderungen zu lösen?

- Welche Integrationsmaßnahmen sind notwendig, um die bestehende Infrastruktur zu integrieren beziehungsweise das WWW-Informationssystem homogen darin einzubinden?

- Welches Know-how ist intern notwendig, um ein WWW-Informationssystem zeitgemäß und möglichst aufwandsoptimiert selbst zu entwickeln?

- Sind die geplanten Anwendungsbereiche überhaupt internettauglich oder sollten besser herkömmliche Anwendungen dafür genutzt werden?

- Mittlerweile gibt es die ersten „fertigen" WWW-basierten Anwendungen, wie WWW-basierte Executive Information Systems (EIS) oder WWW-basierte On-line-Shoppingsysteme. Diese Produkte stellen fertige Komponenten für das unternehmensweite WWW-Informationssystem dar. Hier stellt sich die Frage, für welche Teile eine Eigenentwicklung noch angebracht ist und wo eine fertige Anwendung zugekauft werden soll.

- Ist es notwendig, ein mittel- und langfristiges Konzept für den Einsatz eines unternehmensweites WWW-Informationssystems zu entwickeln?

- Wie sieht ein Vorgehensmodell für den Aufbau eines unternehmensweiten WWW-Informationssystems aus?

Aufbau des Buches

Die Fragen 1 bis 4 über das erforderliche Know-How und die benötigten Techniken sollten nach der Lektüre der Kapitel 2 und 3 beantwortet werden können. Darin sollen die grundlegenden Bausteine eines unternehmensweiten WWW-Informationssystems identifiziert werden und in einer Beschreibung der *IT-Infrastruktur für unternehmensweite WWW-Informationssysteme* zusammengefaßt werden. Den Fragen 6 und 7 zur konkreten Umsetzung von WWW-Projekten wird in Kapitel 4 nachgegangen. Auch bei WWW-Informationssystemen stellt sich die Frage, soll eine Eigenentwicklung durchgeführt werden oder sollen fertige Komponenten zugekauft werden. Dazu muß man allerdings den konkreten Anwendungsfall sowie das aktuelle Angebot an WWW-basierten

Anwendungen genau kennen. Frage 5 muß daher im Einzelfall entschieden werden. Abschnitt 4.5 soll einige Anhaltspunkte dafür geben. Im folgenden wird der Inhalt der einzelnen Kapitel etwas genauer beschrieben.

Das *Kapitel 2* „Grundlegende WWW-Techniken" beschreibt das zum Verständnis nötige Grundlagenwissen über den derzeitigen Stand von WWW-Techniken. Dabei werden die grundlegenden Internetprotokolle und die WWW-Basistechniken HTML und HTTP beschrieben. Schon aus dieser Beschreibung sollen die Vor- und Nachteile des WWW im betrieblichen Einsatz ersichtlich sein. Im Abschnitt 2.5 werden die konzeptionellen Probleme dieser Technik im betrieblichen Einsatz zusammengefaßt.

Die Unzulänglichkeiten derzeitiger WWW-Techniken für den Aufbau großer Informationssysteme führen in *Kapitel 3* zu einem mehrschichtigen Modell der IT-Infrastruktur unternehmensweiter WWW-Informationssysteme. Es wird gezeigt, wie das WWW in die bestehende Informationssystemlandschaft integriert werden kann und welche zusätzlichen Techniken zur Integration in die vorhandenen betrieblichen Informationsressourcen gebraucht werden. Das Kapitel zeigt auch fortgeschrittenen Techniken der Informationssuche in WWW-basierten Systemen.

Kapitel 4 beschreibt schließlich ein Vorgehensmodell zur Entwicklung unternehmensweiter WWW-Informationssysteme. Zentrales Thema ist die Entwicklung eines WWW-Rahmenkonzeptes. In dem in Kapitel 4.3 beschriebenen Kapitel Anforderungsanalyse werden die nötigen Informationen zusammengetragen, die für die Planung bekannt sein müssen. Im Entwurf (Kapitel 4.4) werden die Methoden vorgestellt, um die IS-Architektur, das heißt die Inhalte und Anwendungen des unternehmensweiten WWW-Informationssystems, planen zu können. Kapitel 4.3 "Realisierung" zeigt die Alternativen, die ein Unternehmen bei der Implementierung der inhaltlichen Komponenten hat. Abschließend enthält *Kapitel 5* eine Zusammenfassung und einen Ausblick auf zukünftige Entwicklungen.

2 Grundlegende WWW-Techniken

"The W3 principle of universal readership is that once information is available, it should be accessible from any type of computer, in any country, and an (authorized) person should only have to use one simple program to access it." Tim Berner-Lee, Universal Readership Concept [vgl. Bern96 und KaWh96, 229]

Dieses Kapitel beschreibt grundlegende Internettechniken, die für die Entwicklung unternehmensweiter WWW-Informationssysteme zur Verfügung stehen. Die ersten Abschnitte beschreiben die Entstehung des WWW, die verwendeten Protokolle und Techniken. Daraus soll hervorgehen, wo die Stärken und Schwächen des World Wide Web liegen, beziehungsweise inwieweit es sich für den Aufbau eines unternehmensweiten Informationssystems eignet. Im letzten Abschnitt werden die konzeptionellen Probleme des WWW zusammengefaßt. Aus diesem Wissen heraus können in Kapitel 3 die Bausteine eines unternehmensweiten WWW-Informationssystems identifiziert werden.

2.1 Internet-Protokolle

Das weltweite Computernetzwerk Internet verbindet über 16 Millionen Computer (Jänner 1997) [vgl. auch Netw97]. Würde das derzeitige Wachstum von 100% jährlich anhalten, wäre um das Jahr 2004 die ganze Welt verbunden. Offene, akzeptierte Standards sowie die weite Verbreitung des Internet begründen auch das ungeheure Potential, das es für die Entwicklung kommerzieller Anwendungen besitzt.

Das Internet entstand aus einem Forschungsprojekt der ARPA (Advanced Research Projects Agency) des US Verteidigungsministeriums. Die erste Terminalverbindung von der University of California at Los Angeles (UCLA) zum Stanford Research Institute (SRI) wurde im November 1969 demonstriert. 1983 wurde das gesamte ARPANET vom damaligen Network Control Protocol (NPC) auf eine neue standardisierte Familie von Protokollen, dem Transmission Control Protocol/Internet Protocol (TCP/IP), umgestellt und zur gleichen Zeit in das Berkeley-UNIX-Betriebssystem integriert. Bereits 1986 hatte das Internet über 3000 Sites und die US National Science Foundation (NSF) initierte die Entwicklung des NSFNET Backbone zur Verbindung von sechs Hauptknoten der NSF. 1992 wurde die Internet Society (ISOC) gegründet, die die Entwicklung des Internet beaufsichtigt [vgl. auch Maur96, 9 ff.].

TCP und IP

Das Internet ist ein paketvermittelndes Netz. Das unterliegende Protokoll, das Internet Protocol (IP) verschickt Pakete bis zu 1500 Byte. Diese Pakete werden im Internet von Router zu Router weitergereicht. Das Transmission Control Protocol (TCP) baut auf IP auf. Es unterteilt auf der Senderseite größere Nachrichten in 1500 Byte große IP-Pakete und stellt sie auf der Empfängerseite in der richtigen Reihenfolge wieder zusammen. Fehlende oder beschädigte Pakete werden noch einmal übertragen. Durch TCP entsteht also eine „virtuelle" Verbindung zwischen Sender und Empfänger. Auf dieser Protokollschicht bauen die Internetdienste wie das File Transfer Protocol (FTP), das Simple Mail Transfer Protocol (SMTP) oder das Hypertext Transfer Protocol (HTTP) auf. TCP definiert auch Ports, über die die einzelnen Applikationen oder Dienste miteinander kommunizieren. Die verbreiteteren Dienste verwenden standardmäßig die gleichen Port Nummern, die von der IANA (Internet Assigned Number Authority) zugewiesen werden. Jedes IP-Paket enthält die IP-Adresse des Absenders, die Zieladresse und abhängig vom Dienst die Port-Nummer und die Daten. Somit können Clients ihre Server-Prozesse identifizieren.

Neben TCP baut auch UDP (User Datagram Protocol), ein nicht verbindungsorientiertes Protokoll, auf IP auf. Die Datenpakete werden dabei als einfache Datagramme, das heißt ohne Verbindungskontrolle, geschickt. Das ist zwar ein schnelleres Verfahren, es bietet aber keine Garantie, ob die Datenpakete auch zugestellt wurden. Die Internetdienste SNMP, NFS oder PING basieren auf UDP [vgl. auch LiPe94, 8 ff.]. Alle Internetdienste basieren also etweder auf TCP/IP oder UDP/IP. TCP/IP ist die derzeit am weitesten verbreitete Protokollfamilie. Es besteht, wie schon aus obigen Ausführungen hervorgeht, aus mehreren Schichten:

- Die *Applikations- oder Prozeßschicht* stellt ein Anwendungsprotokoll dar (beispielsweise FTP, HTTP oder TELNET)

- Die *Transportschicht* ist ein Protokoll wie TCP oder UDP, das von den Applikationen verwendet wird.

- Die *Netzwerkschicht* (IP) bietet grundlegende Dienste um Datagramme zu ihrem Ziel zu bringen. Sie kümmert sich auch um die IP-Adressierung und den Domain Name Service (DNS)

- Die *Netzwerkzugriffsschicht* umfaßt die Protokolle für physikalische Medien wie Ethernet oder Punkt-zu-Punkt-Verbindungen ebenso wie das Medium selbst. IP kann auf den verschiedensten Netzwerktypen eingesetzt werden.

Abbildung 2-1 zeigt den oben beschriebenen Aufbau der TCP/IP-Protokollfamilie.

Abbildung 2-1:
Logische Struktur der Internet Protokollfamilie [nach Nuss96, 9]

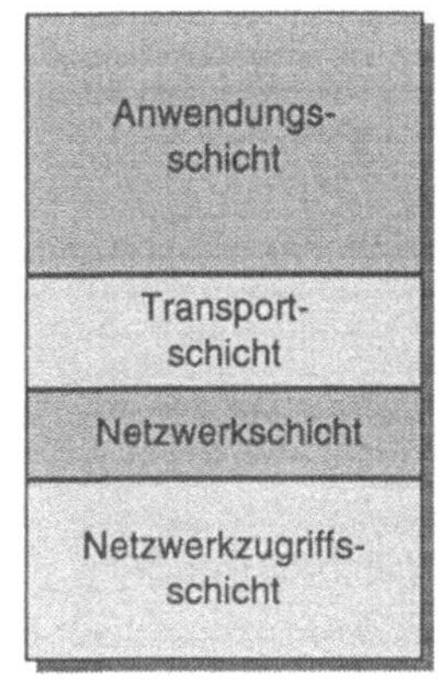

Die Internetprotokolle liegen als offene Standards (Internet RFC - Request For Comment) vor. Sie werden von den unterschiedlichsten Betriebssystemen unterstützt und sind unabhängig vom physischen Netzwerk (Ethernet, TokenRing, X.25 etc.). Die Protokolle auf Anwendungsebene (SMTP, HTTP) bieten dadurch herstellerunabhängige, weitverbreitete Dienste.

Internet Adressen

IP-Adressen sind weltweit eindeutige 32-Bit-lange Nummern, die vom Internet Network Information Center (InterNIC) zugewiesen werden. Diese eindeutige Adressierung erlaubt weltweite Kommunikation. IP-Adressen bestehen aus 32 bit, die zum besseren Merken in vier Dezimalzahlen geschrieben werden (z. B. die Adresse 137.208.1.5). Es gibt fünf Typen, je nachdem zu welchem Netzwerk ein Rechner gehört, jedoch spielen derzeit nur drei eine Rolle [vgl. Sant90, 30]. Sogenannte Class-A-Adressen wurden an große Netze mit sehr vielen Hosts vergeben, Class-B-Adressen wurden für „mittelgroße" Netzwerke eingeführt, kleine lokale Netze mit maximal 254 Hosts lassen sich mit Class-C-Adressen verwalten.

- *Class A Adresse:* 1. Byte < 128; 3 Bytes für Hosts
- *Class B Adresse:* 128 < 1.Byte < 191; 2 Bytes für Hosts
- *Class C Adresse:* 191 < 1. Byte < 223; 1 Byte für Hosts

Durch die Art der Nummernvergabe ist der Adreßraum begrenzt. Im Gegensatz zum Telefonnummernsystem, wo durch einfaches Anfügen einer weiteren Stelle im Prinzip beliebig vielen Teilnehmern Nummern zugeordnet werden können, gibt es hier Beschränkungen. Besonders kritisch ist der Stand bei den Class-B-Netzen. Mittelgroßen Organisationen werden daher oft mehrere Class-C-Adressen zugewiesen.

Die IETF (Internet Engineering Task Force) arbeitet bereits an IP Version 6 (IPv6), der nächsten Version der Netzprotokolle. IPv6 wurde für Hochleistungsnetze entwickelt. Es soll aber auch auf drahtlosen oder schmalbandigen Verbindungen effizient arbeiten. IP Version 6 soll sowohl den generellen Engpaß an Adressen auf lange Sicht beseitigen als auch das Routing vereinfachen. Daneben sind Multimedia- und Sicherheitserweiterungen vorgesehen [vgl. EmGr96, 9]. Eine wichtige Neuerung ist dabei der Umstieg von 32-Bit auf 128-Bit-Adressen, wodurch der Bedarf an Adressen auch auf lange Sicht gedeckt sein dürfte.

Domain Name Service

Durch den *Domain Name Service* (DNS) werden diese schwer zu merkenden IP-Adressen auf Namen abgebildet. So besitzt der Rechner 137.208.1.211 den DNS-Namen „rudolph.wu-wien.ac.at". Der Domain Name Space, für den eine Organisation zuständig ist, wird als Zone bezeichnet. Jedes Internet-Teilnetz ist dazu verpflichtet, einen Domain-Name-Server zu betreiben. Alle im Internet befindlichen Domain-Name-Server sind über eine dem Aufbau der Domain-Namen entsprechenden hierarchischen Struktur miteinander verbunden. Ausgehend von der Wurzel folgen die Top Level Domains wie „at" oder „de". Diese spalten sich in weitere Unterdomains auf [vgl. Kyas96, 78 f.].

Die Domain-Name-Server verwalten eine Datenbank mit den Zuordnungen der Domain-Namen zu den jeweiligen Internet-Adressen. Erhält ein Domain-Name-Server eine Anfrage, so überprüft er zunächst, ob die nachgefragte Adresse in dem Subdomain-Bereich liegt, für den er zuständig ist. Ist dies nicht der Fall, wird die Anfrage an einen sogenannten Root Server weitergeleitet, der in der Lage ist, den DNS-Server mit dem gesuchten Adreßeintrag ausfindig zu machen. Jeder Domain-Name-Server legt aber auch einen lokalen Pufferspeicher an, in dem Adressen, die bereits einmal von lokalen Clients nachgefragt worden sind, abgespeichert werden.

Wie bereits in Abbildung 2-1 dargestellt wurde, basiert eine Reihe von Internetdiensten auf TCP/IP. So stellt FTP (File Transfer Protocol) einen zuverlässigen und effizienten Dateitransfer dar. Der Server-Prozeß „horcht" auf den Ports 20 und 21. Definiert ist der Dienst in den RFCs 959 und 1635. NNTP (Net News Transfer Protocol) stellt eine Kommunikationsstruktur ähnlich einem schwarzen Brett (engl.: bulletin board) zur Verfügung. SMTP (Simple Mail Transfer Protocol) dient der Übertragung elektronischer Nachrichten. Das in den folgenden Kapiteln behandelte World Wide Web basiert auf dem Hypertext Transfer Protocol (HTTP).

2.2 Architektur und Funktionalität des WWW

Im März 1989 begann Tim Berners-Lee im CERN („Conseil Europeen pour la Recherche Nucleaire") das WWW-Projekt. Ziel war es, Wissenschaftern und Studenten in ganz Europa Information bereitzustellen. Dabei sollte die vorhandene Hard- und Software verwendet werden. Für die Arbeitsplatzrechner der Endbenutzer sollten einfache Browser implementiert werden. Außerdem sollten sie dem Benutzer erlauben, auch neues Material hinzuzufügen [vgl. Bern90]. Dem liegt das Prinzip des „universal readership" zugrunde, das besagt: „once information is available, it should be accessible from any type of computer, in any country, and an (authorized) person should only have to use one simple program to access it" [siehe Levy93, Bern96]. Das daraus entstandene WWW stellt ein verteiltes Hypermedia-Informationssystem dar und basiert auf dem Client-Server-Modell. Der Benutzer greift über ein Client-Programm auf einen Server zu, auf dem die Daten gespeichert sind. Das WWW setzt sich aus den drei in den folgenden Abschnitten beschriebenen Kern-Techniken HTTP, MIME und URI zusammen [vgl. auch Bern90, Maur96, 66 ff.].

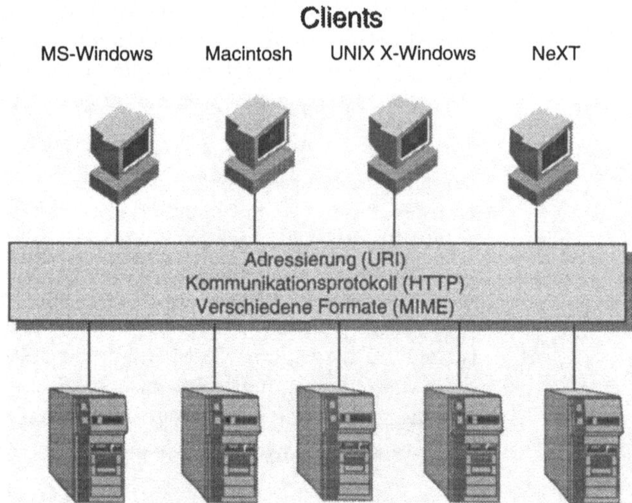

Abbildung 2-2:
Architektur des
WWW

Hypertext
Transfer Protocol

Das Kommunikationsprotokoll zwischen WWW-Server und WWW-Client ist HTTP. HTTP Version 0.9 war noch ausschließlich für den Austausch von Hypertextdokumenten geeignet. Erst die Version 1.0 (1990) konnte beliebige Datenformate übertragen. Die Datentypen entsprechen dabei dem MIME-Format (Multipurpose Internet Mail Extensions). MIME ist ein Internet-Standard zur Übertragung beliebiger Datenformate mittels E-Mail. Im Juli 1993 wurde das WWW durch den frei verfügbaren Browser Mosaic einer größeren Öffentlichkeit bekannt. Die HTTP-Version 1.0 wurde im September 1995 zum HTTP/1.0-Internet-Draft. Unter einem Internet-Draft versteht man einen Internet-Standard (RFC) in Vorbereitung. Version 1.0 wurde 1996 zum formellen Internet-Standard (RFC 1945) und die Version 1.1 zum Internet-Draft. Version 1.1 bringt Verbesserungen bei Authentifizierung und hierarchischem Caching.

HTTP ist ein verbindungsorientiertes Protokoll zur Übertragung von Daten beliebiger Struktur über das Internet. Das Protokoll ist bewußt einfach gehalten. Beim Entwurf von HTTP standen den Protokolldesignern zwei wesentliche Ziele vor Augen [vgl. Klut96, 167 f.]: Das Ausliefern von Dokumenten über HTTP soll für die Servermaschine nur eine *minimale Belastung* darstellen. Dadurch wurden keine HTTP-Sitzungen erlaubt. Vielmehr wird für jedes einzelne zu übertragende Dokument eine separate Verbindung aufgebaut und nach der Datenübertragung wieder geschlossen. Nach dem Senden einer HTML-Datei oder einer Graphik geht der Server wieder in den Grundzustand über. Das heißt, nach Ende der Übertragung beendet sich auch der Serverprozeß und belegt auf der Maschine keine Ressourcen in Form von virtuellem Hauptspeicher oder Einträgen in der Prozeßtabelle. Jeder nachfolgende Request weiß dadurch nichts vom vorhergehenden. Ein weiteres Ziel heißt *Geschwindigkeit*. Dies wird einerseits durch die beschriebene Zustandslosigkeit und andererseits durch Caching und Wiederverwenden von TCP-Verbindungen erreicht.

Kommunikation über HTTP

Die Kommunikation setzt für die Datenübertragung ein verläßliches Transportprotokoll wie TCP/IP voraus. Die gegenwärtigen Implementierungen unterstützen jedoch ausschließlich TCP/IP. Der Default-Port ist TCP 80, wobei aber auch andere Ports genutzt werden können. Eine HTTP-Kommunikation besteht aus mehreren Schritten (siehe Abbildung 2-3):

Der WWW-Client baut eine TCP/IP-Verbindung zum WWW-Server auf (Connect Request). Der WWW-Server schickt eine Antwort (engl.: response), die Verbindung steht somit.

Der Client sendet eine Anfrage (engl.: request) über die aufgebaute Verbindung. Solche Anfragen können sein:

GET — Eine Entität wird angefordert.

HEAD — Lediglich der Header einer Entität wird angefordert.

POST Eine Entität wird dem Server übergeben.

PUT Sende eine Kopie eines Objektes zum Server.

DELETE Lösche ein Objekt.

PUT und DELETE sind bei den vielen Web-Servern nicht implementiert. Jeder WWW-Client versteht zumindest Texte im Plaintext-Format (ISO 8859-1). Weitere Datenformate gibt der Client in einer Accept-Zeile an. Ein GET-Befehl könnte also folgendes Aussehen haben:

```
GET /index.html HTTP /1.0
User-agent: NCSA Mosaic for the X Window
System/2.5
Accept: text/plain
Accept: text/html
Accept: application/postscript
Accept: image/gif
```

Die erste Zeile gibt die Methode, den URL und die HTTP-Version an. Die zweite Zeile identifiziert den Browser. Die darauf folgenden Zeilen sind eine Liste der akzeptierten Informationsarten, codiert als MIME-Typen.

Der Server antwortet (Response) mit einer Status-Zeile, die die Protokollversion der Nachricht sowie Serverinformation enthält und das abgefragte Dokument. Die Statuszeile zeigt durch einen Code (beispielsweise 200 - Document follows, 404 - Not Found) an, ob die Operation erflogreich war oder nicht. Zu jedem Dokument wird auch angegeben, in welchem Format es ausgeliefert wird. Zusätzlich kann im Header Information über die Kodierung oder Sprache beigefügt werden, soweit sie anhand des Suffix erkennbar ist [vgl. auch Klut96]. Ein Beispiel für eine Response ist:

```
HTTP/1.0 200 Document follows
MIME_VERSION: 1.0
Server: CERN/3.0
```

```
DATE: Wednesday, 07-Aug-96 12:14:47 GMT
Content-Type: text/html
Content-Length: 5319
Last-Modified: Monday, 01-Jun-96 09:44:17 GMT

<html>
 <head>

 ...
```

Nach der Übertragung von Request und Response können Client oder Server die Verbindung beenden. In der Regel erledigt dies der Server. Die Verbindung kann aber auch für künftige Requests bestehen bleiben.

Abbildung 2-3:
Schema einer
HTTP-Kommuni-
kation

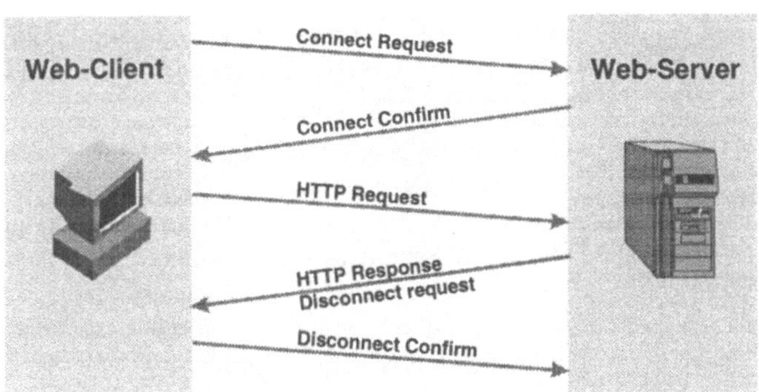

Durch dieses Verhalten von HTTP wird für jeden einzelnen Request eine eigene Verbindung aufgebaut und wieder abgebaut. Das erforderliche Handshaking kostet wertvolle Bearbeitungszeit.

URI, URL und ...

Die einheitliche Adressierung von Internet-Ressourcen erfolgt durch den *Uniform Resource Identifier (URI)*. Eine Internet-Ressource ist eine Datenbank, ein News-Artikel oder auch eine Telnet-Sitzung, die sich irgenwo im Internet befindet. Durch URIs lassen sich auch andere Dienste wie FTP, Gopher, WAIS oder News über den WWW-Browser abrufen. URIs lassen sich unterteilen in URNs (Uniform Resource Names) und URLs (Uniform Resource Locators).

Ein URL verlangt nach der Protokollspezifikation die Angabe des Hosts als Domain- oder IP-Adresse und eine Port-Nummer, sofern sie von der für das jeweilige Protokoll vordefinierten Port-Nummer abweicht. Der Zugriff auf manche Objekte benötigt die Angabe von Benutzerkennung und Paßwort.

```
<Protokoll>://<Host>[:<Port>][<Pfad>]
```

Beispiele für URLs sind:
```
http://www.w3.org/pub/WWW/Proposal.html
news:comp.infosystems.www
```

URN

Im Gegensatz dazu stellt der URN den eindeutigen Bezeichner eines Objekts unabhängig von seinem konkreten Ort im Internet dar. Wer den URN eines Objektes kennt, kann diesen abrufen, ohne zu wissen, wo er sich konkret befindet. Da URNs noch nicht spezifiziert sind, hat man es in der Praxis stets mit URLs zu tun.

HTTP nutzt derzeit nur ungefähr zehn Prozent der verfügbaren Bandbreite einer Übertragungsstrecke. Es kann pro aufgebauter Verbindung jeweils nur einen Request übertragen. Bei HTML-Seiten will der Benutzer fast immer die ganze Seite auf einmal übertragen. Es läge also nahe, jeweils eine Seite oder zumindest mehrere aufeinanderfolgende Elemente auf einmal zu übertragen. Dadurch würde die Zusatzlast durch zahlreiche Verbindungsaufbaue reduziert.

Langfristig wird HTTP durch ein völlig neues Design ersetzt werden, welches entweder das von Simon E. Spero (EIT) [vgl. auch Sper96] vorgeschlagene HTTP-NG-Protokoll oder ein vom W3C (World Wide Web Consortium) noch zu implementierendes Protokoll sein dürfte. *HTTP-NG* bietet dank unterteilter Daten- und Kontrollkanäle sowie binär kodierter Accept-Header eine vier- bis fünfmal bessere Geschwindigkeit und unterstützt sichere Transaktionen. Es erlaubt auch mehrere Requests über eine einzelne Verbindung zu schikken. Daneben soll es Erweiterungen für Sicherheit und Authentifizierung bieten. Durch Proxyserver, die HTTP 1.x nach HTTP-NG übersetzen, ist ein fließender Übergang möglich, so daß heutige Clients ohne Änderung von dem neuen Protokoll profitieren können.

2.3 Hypermedia und HTML

Das WWW macht dem Benutzer Dokumente auf unterschiedlichen Plattformen im ganzen Internet zugänglich. Dies geschieht in Form von Hypertext. Die Definition von *Hypertext* basiert auf einer schon im Jahr 1945 von Vannevar Bush entwickelten Grundidee für ein modernes Informationssystem. Der Begriff wurde allerdings erst 1965 von Ted Nelson eingeführt [vgl. auch Nels81]. Diese Grundidee ist die Schaffung eines Informationssystems, das sich zwar aller verfügbaren technischen Hilfsmittel bedient, diese aber nicht als Selbstzweck betrachtet, sondern die Unterstützung der assoziativen Funktionsweise des menschlichen Gehirns durch modernste technische Hilfsmittel in den Vordergrund stellt und so die Grenzen herkömmlicher Texte in Papierform aufzulösen versucht. Ted Nelson beschreibt Hypertext als „non-sequential writing".

Ted Nelsons Ideen inspirierten schließlich Tim Berners-Lee zum WWW-Projekt. Dieser schlug ein Hypertext-System vor, um eine einheitliche Benutzeroberfläche für die verschiedensten Daten wie Textdokumente oder Datenbanken zu haben [vgl. auch Bern90]. Gerade die intuitive Benutzung des Hypertext sollte zu einem der wichtigsten Erfolgsfaktoren des WWW werden.

HTML Die Sprache, um solche interaktiven Dokumente zu erstellen, ist *HyperText Markup Language (HTML)*. HTML ist eine SGML-Anwendung. Das heißt, die Sprache entspricht ISO 8879, einem internationalen Standard für Textauszeichnungssprachen, der in vielen Industriezweigen für Dokumente verwendet wird. SGML ist ein System, um konkrete Dokumentsprachen festzulegen. HTML ist eine solche Dokumentsprache. Als SGML-Sprache ermöglicht HTML strukturierte Dokumente mit Überschriften verschiedener Ordnung, Absätzen, Aufzählungslisten, Zitaten etc. Diese Strukturelemente werden im HTML-Text durch Markierungen (engl.: markup) gekenn zeichnet. HTML dient sowohl zur Layoutdefinition wie auch implizit zur Schnittstellenbeschreibung. Die HTML-Konstrukte und ihre möglichen Anordnungen sind in der DTD (Document Type Definition) festgelegt. Die DTD beschreibt die Syntax einer SGML-Sprache. Sie legt fest, welche Sprachelemente der Autor einsetzen kann, welche Elemente an welcher Stelle verwendet werden dürfen und über welche Attribute die einzelnen Elemente verfügen. SGML wie HTML machen aber keine Vorschriften für die konkrete Darstellung der Elemente. Dies bleibt dem jeweiligen Programm überlassen, das das Dokument auf einem Bildschirm darstellt oder auf einem Drucker ausgibt.

HTML-Dokumente können Inline-Grafiken enthalten, das sind Bilder, die zusammen mit dem laufenden Text auf dem Bildschirm angezeigt werden. Vor allem aber kann HTML Hypertextverweise (engl. hyperlinks) auf weitere Dokumente enthalten, die wiederum in HTML oder in beliebigen anderen Formaten vorliegen können. Das ermöglicht die Vernetzung von Dokumenten über Rechner- und Ländergrenzen hinweg. Hypertextlinks sind einzelne Wörter, Textpassagen oder Bilder, die der WWW-Client besonders markiert und die der Benutzer etwa per Mausklick anwählen kann.

HTML-Standards Von der Internet Engineering Task Force (IETF) wurden zahlreiche Bemühungen unternommen die Internet-Drafts für HTML zu einem Standard zu machen. 1995 wurde mit dem RFC 1866 der HTML 2.0-Standard verabschiedet. Derzeit sind die Standards HTML 3.0 beziehungsweise HTML 3.2 in Entwicklung. HTML3.2 erweitert HTML 2.0 um zahlreiche Merkmale wie Tabellen, Applets [siehe Abschnitt 3.2.1] oder Textfluß um Inline-Grafiken und wird seit Jänner 1997 von der W3C offiziell empfohlen. Daneben existieren aber bereits zahlreiche proprietäre Erweiterungen der Marktführer Netscape und Microsoft. Fast alle Browser können mittlerweile Tabellen und Hintergrundbilder darstellen, unterstützen Java-Applets, Formulare und auch Frames. HTML-Formulare (engl.: forms) stellen dabei eines der wichtigsten Merkmale auf dem Weg zum kommerziellen Einsatz des WWW dar. Sie integrieren die Möglichkeiten moderner graphischer Benutzeroberflächen (GUI, engl.: graphical user interface) mit dem WWW. Über Textfelder, Buttons oder Listboxes können vom Benutzer Eingaben gemacht werden, die dann in Gateway-Programmen weiterverarbeitet werden. Eine genaue Beschreibung von HTML würde den Rahmen der Arbeit sprengen. Zu diesem Thema gibt es zahlreiche Literatur [vgl. auch Klut96, LiPe94]. Aktuellste Information findet sich auf der Homepage des W3C.

VRML Zur Darstellung dreidimensionaler Welten im Internet wurde die *Virtual Reality Modeling Language (VRML)* entwickelt. VRML ist mittlerweile der Standard für den Austausch von 3D-Datenobjekten. Dabei handelt es sich um eine Sprache zur Beschreibung virtueller Szenen, die via Internet vernetzt und durch Hyperlinks verbunden sind. Sie erlaubt die Modellierung von Objekten in ihrer räumlichen Form und deren Transfer über Datennetze. Anstelle von festgelegten Bildfolgen zur Veranschaulichung komplexer Objektstrukturen tritt die interaktive Untersuchung des jeweiligen 3D-Raumes. Interaktive VRML-Modelle helfen in Industrie und Wissenschaft bei der Auswertung und Simulation komplexer physikalischer Systeme und Prozeßabläufe. VRML-basierte Informationsräume können sich zukünftig als Benutzerschnittstelle für Metainformationssysteme oder Data-Warehouses im Internet etablieren. Derzeit wird vor allem in den Geowissenschaften damit experimentiert.

2.4 Web-Server und Clients

HTTP stellt eine Menge von Regeln zur Erfüllung von Anfragen im Web dar. Dadurch, daß es auch andere Protokolle wie FTP, Gopher, WAIS, NNTP oder telnet versteht, braucht man für verschiedenste Internet-Dienste nur mehr einen Client. Das WWW arbeitet asymmetrisch nach dem Client-Server-Prinzip. Ein Web-Server nimmt Dokumentanforderungen von WWW-Clients entgegen, sucht die gewünschten Seiten in seinem Dateisystem oder generiert sie dynamisch und stellt sie dem Client zu. Anschließend baut er die Verbindung wieder ab. Durch WWW-Gateways können verschiedene Informationsressourcen wie Datenbanken abgefragt werden. Web-Dokumente sind meist Hypermedia-Dokumente bestehend aus Text, Ton und Illustrationen. Der Web-Client formatiert den HTML-Text und baut die entsprechenden Ton- und Bildobjekte an den richtigen Stellen ein. Die genaue Art der Darstellung hängt dabei sehr stark vom Web-Browser ab. Die WWW-Clients selbst sind mittlerweile umfassende Internet-Front-Ends geworden. Komfortable Browser umfassen Mail-Clients, News-Reader, VRML-Viewer, Java Interpreter und Zusatzmodule für die Darstellung von Ton und Video.

Der Web-Server wartet ständig auf Requests von WWW-Clients. Bei UNIX-Rechnern wird der WWW-Server entweder bei Requests durch den Internet-Prozeß gestartet, der auf dem für HTTP reservierten TCP-Port 80 „horcht", oder er läuft bei stark frequentierten Servern im Stand-alone-Betrieb als eigener Hintergrundprozeß [vgl. LiPe94, 299 ff.]. Die Hauptaufgabe des WWW-Servers ist das Ausliefern von Dokumenten, die als Dateien im Dateisystem der Servermaschine abgelegt sind. Solche Dokumente sind - von gelegentlichen Änderungen abgesehen - mehr oder weniger statisch. Der vom Client gewünschte URL muß dabei auf eine Datei im lokalen Verzeichnisbaum abgebildet werden. In sogenannten Log-Dateien werden die Zugriffe auf die verschiedenen Dateien eines Web-Servers mitprotokolliert. Über eine Reihe von Hilfsprogrammen können diese Dateien dann ausgewertet werden, um Zugriffsstatistiken oder Nutzungskurven zu erstellen. Der Request des Client erfolgt durch das in Abschnitt 2.2 beschriebene Verfahren.

Viele der derzeit installierten WWW-Server (CERN- oder NCSA-Server) verwenden Forking für einen neu anstehenden Request. Vom Hauptprozeß wird eine hereinkommender Verbindung akzeptiert und ein Subprozeß zur Bearbeitung kreiert. Der Subprozeß ist dann nur für diese eine Verbindung zuständig und bearbeitet sequentiell die anstehenden Requests. Der Hauptprozeß führt den Auf- und Abbau der Verbindungen und das Starten der Subprozesse durch. Das

Kreieren des Prozesses erfordert allerdings viel Zeit und Ressourcen. Wenn ein Web-Server gleichzeitig mehrere Requests
erhält, arbeitet er einen nach dem anderen ab. Bei stark frequentierten WWW-Servern kann es dadurch zu starken Ver-
zögerungen kommen, obwohl die Datenbank selbst wesentlich mehr Abfragen beantworten könnte.

Viele WWW-Server versuchen das bereits zu umgehen. Neuere Techniken basieren auf Multithreading-Verfahren. Diese
Subprozesse können mehrere Requests gleichzeitig verarbeiten, da sie jeden Request als eigenen Thread im Betriebssystem führen. Ein Thread ist eine Folge von Befehen
eines Prozesses, die parallel zu anderen Threads ausgeführt
werden kann. Bei symmetrischen Mulitprocessing-Betriebssy-
stemen (z. B. Windows NT oder Solaris) kann die Last dadurch besser verteilt werden. Durch Multithreading laufen
weniger Subprozesse im System, großes Lastaufkommen kann
dadurch leichter bewältigt werden.

2.4.1   Erzeugen dynamischer Dokumente

Eine etwas dynamischere Möglichkeit stellen *Server-Side Includes (SSI)* dar. Damit lassen sich Dateien oder die aktuellen
Werte von Umgebungsvariablen in ein HTML-Dokument
integrieren. Das stellt einen einfachen Weg dar, um das aktuelle Datum oder beliebigen HTML-Code in ein Dokument zu
integrieren. Eine sehr flexible und einfache Art, dynamische
Web-Seiten zu erstellen, ist das *Common Gateway Interface
(CGI)*.

CGI

CGI ist eine standardisierte Schnittstelle zwischen externen
Programmen und dem HTTP-Server. Dadurch können WWW-
Front-Ends für unterschiedlichste Anwendungen erstellt werden. CGI verwendet für den Datenaustausch entweder Umgebungsvariablen (GET-Methode) oder den Standard Input
(POST-Methode) des aufgerufenen Prozesses. Die Schlüssel-
wörter „GET" oder „POST" werden dann jeweils in dem verwendeten HTML-Formular eingesetzt. Die Bearbeitung der
Daten wird dem jeweiligen Programm überlassen. Der Output
des Programmes wird wiederum dem HTTP-Server überge-

ben und von ihm an den Web-Browser geschickt. Diese CGI-Programme können nun die verschiedensten Aufgaben erledigen. Ein großer Teil der Gateway-Programme wird für die Abfrage von Datenbanken verwendet. Über ein HTML-Formular gibt der Benutzer eine Abfrage ein. Der HTTP-Server ruft dann ein CGI-Programm auf, das die Eingaben des Benutzers in SQL-Befehle umwandelt und an die Datenbank schickt (siehe Abbildung 2-4. Das Ergebnis wird an das CGI-Programm zurückgegeben und von diesem im HTML-Format über den HTTP-Server an den Client zurücksendet.

Abbildung 2-4:
WWW-Daten-
bank-Anbindung
über CGI

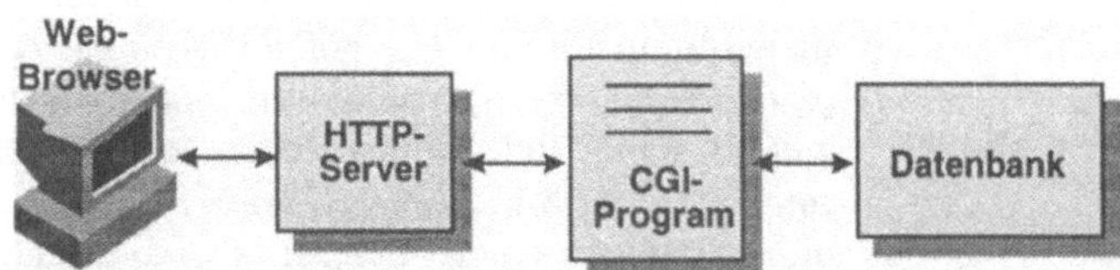

Neben CGI werden von diversen Web-Server-Herstellern proprietäre Programmierschnittstellen zu ihren Servern angeboten [vgl. auch W3C96a]. NSAPI von Netscape, das Web Request Broker API (WRB*API) von Oracle ebenso wie ISAPI von Microsoft gehören zu den bekanntesten dieser herstellerspezifischen Web-Server-Schnittstellen. Sie versuchen, dem Anwendungsentwickler eine mächtigere und komfortablere Programmierschnittstelle zur Verfügung zu stellen, als dies mit CGI der Fall ist. Zudem sind diese proprietären Schnittstellen oft um ein mehrfaches schneller als CGI. Oft wird dabei nicht ein eigenes Gateway-Programm geschrieben, sondern der WWW-Server selbst wird um die benötigte Funktionalität erweitert. Die erstellten Anwendungen sind dadurch aber wieder an die Verwendung eines bestimmten Web-Servers gebunden und nicht mehr portabel.

2.4.2   Einfache Arten der Zugriffskontrolle

Um die von einem Web-Server zur Verfügung gestellte Information vor unberechtigten Zugriffen zu schützen, werden im WWW einige Mechanismen zur Verfügung gestellt. Der Server kann kontrollieren, wer auf Dateien zugreift

(Authentifizierung) und auf welche Ressourcen jemand zugreifen darf (Autorisierung). WWW-Server verwalten dazu die Zugriffsrechte auf die Verzeichnisse, in denen die HTML-Dokumente liegen. Einerseits können sie anhand der IP-Adresse des anfragenden Clients entscheiden, ob er auf die Daten zugreifen darf (IP-Based Restriction bzw. Domain-Based-Restriction). Dadurch läßt sich einfach zwischen Zugriffen aus dem Intra- und Internet unterscheiden. Andererseits verwalten WWW-Server auch eine Liste mit Zugriffsrechten (engl.: access control list, ACL) für einzelne Benutzer und Gruppen. Bei vielen Implementierungen wird diese ACL auch in einer Datenbank gehalten, die vom WWW-Server abgefragt wird.

Basic Authentication

Der Vorschlag für HTTP 1.0 sieht die *Basic Authentication* vor, die praktisch in allen verfügbaren Browsern implementiert ist. Dadurch kann der WWW-Administrator zugriffsberechtigte Benutzer anhand von Benutzerkennungen definieren und sie zu Benutzergruppen zusammenfassen. Dazu benötigt man eine Paßwortdatei, die Benutzerkennung und Paßwörter enthält, sowie eine Gruppendatei mit den Definitionen der Benutzergruppen. Benutzerkennung und Paßwort beziehen sich immer auf einen Authentifizierungsbereich, zu dem das angeforderte Dokument gehört. Hat sich der Benutzer einmal für einen Authentifizierungsbereich identifiziert, so kann sich der WWW-Browser das für den Zugriff auf weitere geschützte Dokumente dieses Authentifizierungsbereiches merken. Benutzer lassen sich flexibel zu Benutzergruppen zusammenfassen. So können die Mitarbeiter der Marketingabteilung einfach zur Gruppe „Marketing" zusammengefaßt werden. Der Nachteil der Basic Authentication ist, daß Benutzerkennung und Paßwort lediglich nach dem Base64-Verfahren verschlüsselt werden. Das heißt, sie sind problemlos zu entschlüsseln, wenn jemand physikalischen Zugriff auf das Übertragungsmedium hat. Basic Authentication alleine kann also einem ernsthaften Angriff nicht standhalten.

Für den Zugriff auf Datenbanken werden für jede Gateway-Anwendung spezielle Datenbank-Benutzer definiert, die die nötigen Rechte besitzen. Unabhängig davon wird im Web-

Server definiert, welche WWW-Benutzer auf diese Date n-
bankanwendung zugreifen dürfen. Die WWW-Benutzer sind
also nicht identisch mit den Datenbank-Benutzern.

2.4.3   Sicherung von Teilnetzen durch Firewalls

Eine grundsätzliche Maßnahme, um das unternehmenseigene
LAN (Local Area Network) vom Internet abzuschotten sind
Firewalls. Firewalls hängen zwar nicht unmittelbar mit WWW-
Techniken zusammen, sie sind aber eine wichtige Methode
zur Sicherung unternehmensinterner Daten. Man versteht
darunter einen speziell konfigurierten Netzwerkknoten, we l-
cher die Verbindung zwischen dem unternehmensinternen
LAN und dem Internet darstellt. Es ist ein zentraler Übergang,
über den sämtliche Datenpakete geschickt werden.

Abbildung 2-5:
Abschottung
durch Firewalls

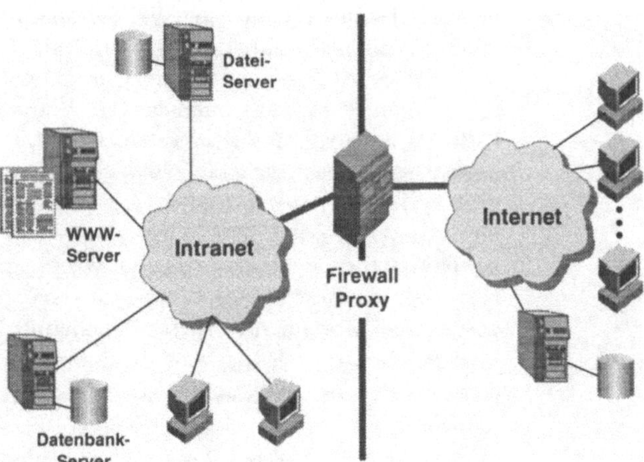

Arten von
Firewalls

Es gibt drei Arten von Firewalls: *Application Gateways,
Circuit Level Gateways* und *Paketfilter.* Bei ersteren ist für jede
zulässige Applikation ein eigenes Gateway-Programm verantwortlich. Der Client muß sich dabei meist gegenüber dem
Gateway authentifizieren. Dieses führt dann alle Aktionen im
LAN stellvertretend für den Client aus. Dadurch lassen sich
benutzerspezifische Zugangsprofile erstellen und die Festle -

gung der zulässigen Verbindungen anwendungsbezogen vornehmen. Die daraus resultierenden separaten kleinen Regelsätze bleiben überschaubar.

Circuit Level Gateways arbeiten nicht auf der Anwendungsebene, sondern auf der Ebene des TCP- oder UDP-Protokolls. Das Gateway prüft, ob die Verbindung zwischen Client und Server zulässig ist und überwacht den Verbindungsaufbau. Nach erfolgreichem Aufbau läßt das Gateway alle Daten passieren.

Paketfilter überprüfen jedes einzelne IP-Paket und entscheiden, ob es passieren darf. Sie können die Entscheidung anhand der Absender- und der Zieladresse sowie des verwendeten Sitzungs- und Anwendungsprotokolls treffen. Sie funktionieren unabhängig von der verwendeten Software auf Server- oder Client-Seite.

Proxy-Server

Viele Browser gestatten dem Benutzer den WWW-Zugang über einen *Proxy-Server*. Ein Proxy ist eine Zwischenstation zwischen Client und Server, der die Requests des Clients weiterreicht an den Server, das Dokument vom Server entgegennimmt und dem Client zuleitet. Dabei werden die Adressen des internen Netzwerkes gegen die des Firewall-Systems ersetzt. Dadurch bleiben die Rechner im Intranet für die Außenwelt verborgen. Viele WWW-Server lassen sich als Proxy konfiguricrcn.

Proxy-Cache

Der Proxy-Server läuft aus Sicherheitsgründen oft auf einer Firewall-Maschine, die ein LAN gegen Angriffe aus dem Internet abschirmt. Auf solchen Proxy-Servern können dann spezielle Berechtigungen für Inhouse-Benutzer definiert werden. Oft wird der Proxy auch als *Proxy-Cache* realisiert, das heißt, er leitet die vom Server empfangenen Dokumente nicht nur an den Client weiter, sondern speichert sie auch auf einem Cache-Bereich der Festplatte. Wird das Dokument ein zweites mal abgefragt, so muß der Proxy nicht mehr auf den Ursprungsserver zugreifen. Durch diese Proxy-Caches werden jedoch die Zugriffsstatistiken auf den Ursprungsservern oft drastisch verfälscht.

2.5 Konzeptionelle Probleme

Das WWW hat sich als Oberfläche für eine Reihe neuer Anwendungen durchgesetzt. Die beschriebenen Kern-Techniken HTTP, HTML und URI sind vergleichsweise einfach und arbeiten akzeptabel bei der Abfrage von Dokumenten. Das reicht aber nicht für den Aufbau unternehmensweiter WWW-Informationssysteme. Aus den letzten Abschnitten läßt sich erkennen, daß HTTP einer Reihe von Beschränkungen und Unzulänglichkeiten unterliegt:

1. *Mangelhafte Integration mit vorhandenen Informationssystemen*

   Das WWW ist vor allem dokumentenorientiert. Bei dialogorientierten Datenbankanwendungen werden Web-Server und die daran angehängten Gateway-Programme schnell zu einem Flaschenhals. Wenn der Benutzer mehrere Aktionen durchführen will und für diese jeweils ein „Prozeduraufruf" erforderlich ist, wird jeweils ein neues HTML-Formular generiert und an den Client gesendet (siehe Abbildung 2-6)

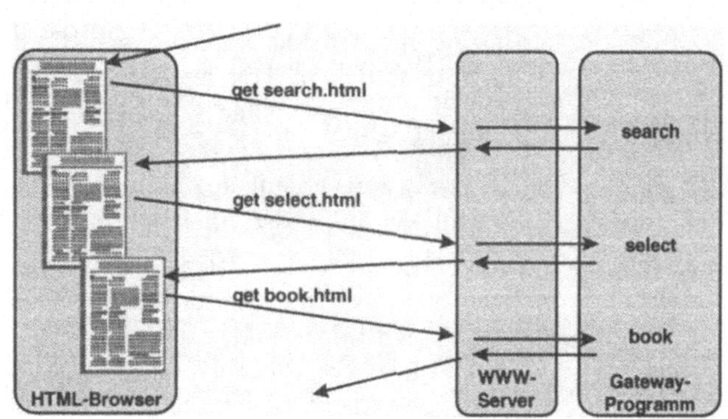

Abbildung 2-6:
Interaktiver
Dienstzugriff
beim WWW
[nach Merz96, 43]

HTTP ist außerdem (wie oben beschrieben) ein *zustandsloses Protokoll.* Jeder neue Request erfordert eine eigene TCP-Verbindung. Lange Transaktionen, die fast typisch für betriebliche Datenbankanwendungen sind, können nur über Umwege realisiert werden. Die Zustandsinformation muß daher entweder am Server gespeichert werden oder als verstecktes Attribut in den WWW-Seiten mitgeschickt werden. Beides ist nur durch komplexe CGI-Skripte zu lösen. Der ständige Auf- und Abbau von TCP-Verbindungen verursacht dazu weitere Geschwindigkeitseinbußen. HTTP scheint aufgrund dieser Unzulänglichkeiten als Protokoll für zahlreiche betriebliche Anwendungen ungeeignet.

2. *Keine sichere Datenübertragung und fehlende Abrechnungsmechanismen*
   Die Datenübertragung erfolgt bei HTTP unverschlüsselt. Die Übermittlung vertraulicher Daten - eine wichtige Voraussetzung im betrieblichen Einsatz - kann daher nicht gewährleistet werden. Sichere Transaktionen erfordern Integrität und Vertraulichkeit bei der Datenübertragung sowie eine verläßliche gegenseitige Authentifizierung, die nur durch moderne Verschlüsselungsverfahren erreicht werden kann. Zudem ist für zahlreiche betriebliche Anwendungen wie Vertriebssysteme ein Abrechnungssystem vonnöten. Der Transfer von Geldmitteln über Kreditkartentransaktionen oder elektronisches Geld wird ein wichtiger Bestandteil unternehmensweiter Informationssysteme sein.

3. *Schlechte Verwaltbarkeit großer Datenmengen*
   Die Hyperlinks im WWW sind *unidirektional*. Somit gibt es keine Möglichkeit zu bestimmen, von welchen Stellen auf ein spezielles Dokument verwiesen wird. Das führt zu Inkonsistenzen, wenn Dokumente verschoben oder gelöscht werden (engl.: dangling links). Da im WWW nicht gewährleistet werden kann, daß Ressourcen, auf die es eine Referenz gibt, auch noch vorhanden sind, besitzt es *keine referentielle Integrität*. Maurer schreibt dazu: „The typical problem reported by users of large-scale hypermedia systems is that one can get lost quite easily. This phenomenon is usually described as the 'lost in hyperspace' syndrom" [siehe Maur96, 88]. Schätzungen besagen, daß

die Zahl der ungültigen Hyperlinks sich bei 20 % einpendeln wird. Langfristig sollten die derzeitigen Objektnamen (URLs) durch die oben beschriebenen URNs ersetzt werden, damit die Dokumente nicht mehr an den physischen Ort gebunden sind.

Abgesehen von Hyperlinks gibt es keine Strukturierungsmöglichkeiten im WWW. Es wäre ein Vorteil, wenn HTML-Dokumente anhand unterschiedlicher Beschreibungselemente klassifiziert und in strukturierter Weise durch Datenbanken verwaltet werden könnten. Diese Metainformation könnte die zielgerichtete Suche nach Information wesentlich erleichtern. Momentan bleibt nur der unscharfe Mechanismus einer Volltextrecherche. Das WWW bietet aber *keine systemimmanenten Suchmechanismen*. Die externen Suchmechanismen wie WAIS oder diverse Search-Engines (Lycos oder WebCrawler) ermöglichen keine Echtzeit-Suche im Netz. Sie skalieren auch schlecht, da sie versuchen, das exponentiell wachsende WWW an einem einzigen Ort zu indizieren [vgl. Maur96, 88 ff.].

4. *Unzureichende Authentifizierung von Benutzern*
   Wie oben gezeigt, stellt das WWW nur sehr rudimentäre Möglichkeiten zur Benutzerverwaltung zur Verfügung. Eine ausgereifte Benutzerverwaltung wie bei Datenbanken fehlt. Für große unternehmensweite Systeme sind ausgereifte Verfahren zur Authentifizierung und vor allem zur Autorisierung [vgl. auch NeNu97], wie sie auch für Datenbanken und Workflowmanagementsysteme bestehen, eine unabdingbare Voraussetzung.

5. *Fehlende Funktionalität in der Benutzerschnittstelle*
   Reine WWW-Clients haben kaum Funktionalität. Schon die Erstellung einfachster Graphiken oder die Überprüfung von Benutzereingaben muß am Server durchgeführt werden. Dadurch entsteht eine sehr ungleiche Lastverteilung. In HTML sind der *Oberflächengestaltung* enge Grenzen gesetzt. Web-Browser arbeiten mit einem einzigen Fenster.

WWW-Anwendungen müssen auch ohne gewohnte GUI-Elemente wie Menüs oder Toolbars auskommen.

WWW-Techniken alleine stellen also noch kein geeignetes Mittel für den Aufbau eines unternehmensweiten Informationssystems dar. Rein WWW-basierte Systeme sind zwar in kleinem Umfang administrierbar, sind aber für große unternehmensweite Anwendungen ungeeignet. Man braucht daher neben dem WWW zusätzliche Funktionalität, um aus den betrieblichen Informationsressourcen ein unternehmensweites WWW-Informationssystem zu entwickeln. In Kapitel 3 sollen diese identifiziert werden, um daraus eine Architektur für unternehmensweite WWW-Informationssysteme abzuleiten.

Hyperwave, ein weiteres verteiltes, hypermediales Informationssystem, nimmt für sich in Anspruch zahlreiche Probleme des World Wide Web zu lösen. Bevor nun eine Architektur für WWW-Informationssysteme vorgestellt wird, soll in einem Exkurs der Hyperwave-Ansatz beschrieben werden.

2.6 Exkurs: Hyperwave

Das am Institut für computergestützte neue Medien (IICM) der Technischen Universität Graz entwickelte verteilte Hypermediasystem Hyperwave (ursprünglich Hyper-G) versucht, die größten Schwächen des WWW zu überwinden. Ein Hyperwave Client ist permanent mit dem Hyperwave Server verbunden, der die Information aus aller Welt besorgt [vgl. Maur96, 103 ff.]. Eine objektorientierten Datenbank verwaltet Dokumente, Hyperlinks und Dokumentattribute. Die Links sind bidirektional, ermöglichen es also jederzeit festzustellen, welche anderen Dokumente auf ein bestimmtes Dokument zeigen. Die anonyme Nutzung ist zwar möglich, üblicherweise muß sich ein Benutzer aber identifizieren, wenn er auf ein Objekt zugreifen will. Der Hyperwave-Server kontrolliert den Zugriff der Benutzer auf Dokumente und Links. Ein Benutzer kann, die nötigen Rechte vorausgesetzt, auch über den Hyperwave-Client ein Dokument verändern. Neben HTML werden verschiedenste Multimediaformate, VRML und auch Microsoft Office-Dokumente unterstützt.

Bei Einfügen neuer Dokumente in die Datenbank werden diese automatisch indiziert. Somit kann in Echtzeit nach Schlüsselwörtern und Inhalten gesucht werden, ohne externe Suchmaschinen in Anspruch zu nehmen. Je „nach Bedarf" wird ein Dokument auf der ganzen Welt verteilt, so daß es dezentral abgerufen werden kann. Das entlastet einzelne Hyperwave-Server mit häufig abgefragten Seiten enorm. Durch die ausgereifte Verwaltung der Links wird auch eine graphische Darstellung („Fish Eye View") des Hyperraumes möglich. Ein Hyperwave-Server kann sowohl von WWW-Clients als auch von Hyperwave-Clients angesprochen werden. Hyperwave-Clients können wiederum auch auf WWW-Server zugreifen.

Hyperwave stellt ein sehr innovatives System dar. Das System verlangt natürlich mehr Aufwand bei der Installation und auch bei der Datenpflege. So müssen zahlreiche Zugriffs- und Änderungsrechte vergeben werden. Kritiker zweifeln noch an der beliebigen Skalierbarkeit von Hyperwave. Wenn das System wirklich so dezentral funktionieren soll, so werde die Datenmenge, die jeder Server speichern muß, sehr schnell ins Unermeßliche steigen [vgl. Ramm95, 12 ff.]. Durch die rasche technische Entwicklung können mittlerweile viele der ursprünglichen Vorteile von Hyperwave auch im WWW realisiert werden. Moderne Proxy-Caches verteilen Dokumente je nach Bedarf im WWW, Suchverfahren wie Harvest [siehe Kap. 3.3.3] ermöglichen relativ effizientes Suchen im Web und Entwicklungs- und Administrationspakete für Web-Sites helfen ungültige Hyperlinks zu vermeiden. Derzeit wird Hyperwave vor allem im deutschsprachigen Raum eingesetzt. Das System kann zwar mit WWW und Gopher zusammenarbeiten, arbeitet aber großteils mit eigenen Protokollen und Formaten. In den folgenden Kapiteln wird das System nicht mehr weiter untersucht.

3 IT-Infrastruktur unternehmensweiter WWW-Informationssysteme

> *„It turns out that the application of hypermedia technology to small, self-contained material (say, about a hundred documents and links typically) is a manageable task and produces good, that is, usable results. With a growing number of documents and links (thousands or even millions) however, a number of problems arise that do not manifest themselves in small-scale environments. [siehe Maur96, 88]*

3.1 Aufbau der IT-Infrastruktur

Im Kapitel 2 "Grundlegende WWW-Techniken" wurden die Möglichkeiten des World Wide Web beschrieben. Es wurden sowohl die Stärken dieser Techniken gezeigt, als auch deren Schwächen im betrieblichen Einsatz. In diesem Kapitel sollen Methoden und Techniken vorgestellt werden, um mit Hilfe dieser WWW-Techniken auf den bestehenden betrieblichen Informationsressourcen ein unternehmensweites WWW-Informationssystem aufzubauen.

3.1.1 IT-Infrastruktur und IS-Architektur

Der Anspruch des betrieblichen Informationsmanagement ist es, dem Manager die Gesamtheit der für ihn relevanten Information bereitzustellen. Unternehmen haben eine Vielzahl von Daten gesammelt. Diese Daten in Kombination mit den zur Verfügung stehenden Computernetzwerken stellen die

Basis dar, auf der unternehmensweite WWW-Informationssysteme aufgebaut werden.

Richtlinien für die Informationssystementwicklung, wie beispielsweise das verbreitete V-Modell [vgl. Hans96b, 143] beziehen sich meist auf drei Ebenen:

- Die *Werkzeuganforderungen* legen fest, welche funktionalen Eigenschaften die Werkzeuge der Softwareentwicklung aufweisen müssen.

- Die *Vorgehensweise* bestimmt, welche Tätigkeiten im Verlauf der Softwareentwicklung durchzuführen sind, welche Ergebnisse dabei zu produzieren sind und welche Inhalte diese Ergebnisse haben müssen.

- Darauf aufbauend werden die *Methoden* vorgeschlagen, die auf der ersten Ebene festgelegten Tätigkeiten durchzuführen sind und welche Darstellungsmittel in den Ergebnissen zu verwenden sind.

Ziel dieses Kapitels ist es, die technisch-funktionalen *Basisbestandteile* zu identifizieren und daraus die *IT-Infrastruktur unternehmensweiter WWW-Informationssysteme* abzuleiten. Es beschäftigt sich also mit den Werkzeuganforderungen bei der Entwicklung unternehmensweiter WWW-Informationssysteme. Dieses Wissen ist notwendig, um im Anschluß daran ein Vorgehensmodell und Entwicklungsmethoden für WWW-Informationssysteme zu beschreiben. Abbildung 3-1 veranschaulicht die Zusammenhänge zwischen der in diesem Kapitel beschriebenen IT-Infrastruktur, der in Kapitel 4 beschriebenen Informationsarchitektur und der IS-Strategie.

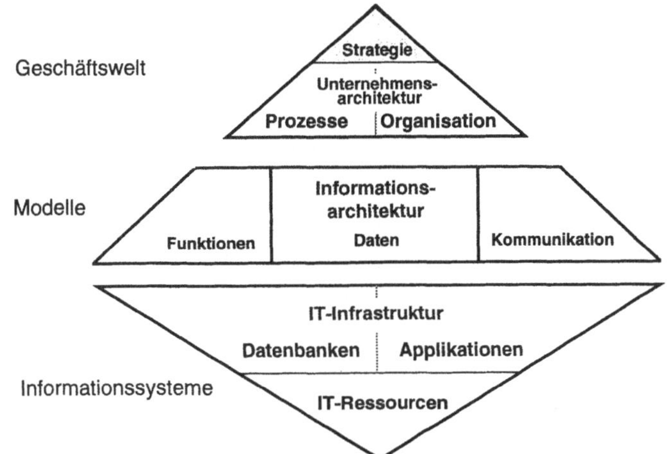

Abbildung 3-1:
IS-Architektur
und IT-Infra-
struktur [nach
Krcm90, 399]

3.1.2 WWW als Basis unternehmensweiter Informationssysteme

WWW-Techniken werden hier als Basistechniken für unternehmensweite Informationssysteme vorgeschlagen, da sie viele der in Abschnitt 1.2 gestellten Anforderungen an unternehmensweite Informationssysteme erfüllen. Durch WWW-Technik kann eine einheitliche Benutzerschnittstelle für bestehende Systeme geschaffen werden - ein Client, in dem Informationsbearbeitung und Informationspräsentation stattfinden. Die darunter liegende Komplexität wird vor dem Benutzer verborgen. Das WWW wird zum vielzitierten „universal client". Man kann bequem von den verschiedensten Knoten des Internet, ob im Unternehmen oder von zu Hause aus, auf betriebliche Daten und Anwendungen zugreifen. Das WWW erfüllt also bereits mehrere der oben genannten Kriterien:

- *Ortstransparenz*
  Das WWW stellt ein hervorragendes Medium dar, um Dokumente einer größeren Zielgruppe zugänglich zu machen (engl.: document sharing). Bestehende Dokumente müssen dazu in HTML konvertiert werden und im Verzeichnisbaum des Web-Servers abgelegt werden [vgl.

auch LiPe94, 299 ff.]. Ebenso können Anwendungen, die über eine HTML-Schnittstelle verfügen, im gesamten Internet zur Verfügung gestellt werden. Durch das WWW ist es für den Benutzer unerheblich, von welchem Ort beziehungsweise von welchem Rechner aus er auf das betriebliche Informationssystem zugreift. Auch die Verteilung der betrieblichen Informationsressourcen bleibt vor ihm verborgen. Als Endbenutzergerät können PCs, Personal Digital Assistants (PDAs) oder Fernseher mit Set-Top-Box verwendet werden. Einzige Voraussetzung ist der Anschluß an das Internet und ein WWW-Browser. Mit dem WWW läßt sich eine einheitliche Benutzeroberfläche für die betrieblichen Informationssysteme realisieren.

- *Ergonomie*
  In die Dokumente können Bilder, Ton- und Videosequenzen eingebettet werden. Die daraus entstehenden Systeme sind unabhängig vom verwendeten Betriebssystem einheitlich zu bedienen und verbergen vor dem Benutzer großteils die anwendungsspezifischen Bedienungsunterschiede. Mit relativ geringem Aufwand können parallel zu den bestehenden Benutzerschnittstellen WWW-Front-Ends für die betrieblichen Informationssysteme geschaffen werden. Zumindest für die gängigen Datenbanken bestehen komfortable Möglichkeiten. Dadurch wird ein Großteil der Investitionen in bestehende IT-Infrastruktur genutzt.

- *Skalierbarkeit und Offenheit*

  Durch das Common Gateway Interface besitzt das WWW eine offene, flexible Schnittstelle zur Integration bestehender Anwendungen. Das System kann durch diese Schnittstelle mit Anwendungssystemen verknüpft werden und durch das Einfügen neuer Hypertextverbindungen leicht mit anderen WWW-Systemen verbunden werden.

Neben diesen unbestrittenen Stärken treten aber auch, wie in Abschnitt 2.5 beschrieben, zahlreiche Unzulänglichkeiten an den Tag, die WWW-basierte Lösungen für betriebliche Zwekke ungeeignet erscheinen lassen. Diese konzeptionellen Probleme sind die Ursache, daß mit WWW-Techniken alleine noch kein unternehmensweites Informationssystem aufgebaut werden kann. WWW-Systeme gewährleisten keine sichere Datenübertragung. Die Integration bestehender Informationssysteme über die CGI-Schnittstelle ist sehr ineffizient und dem Benutzer stehen keine geeigneten Mittel zur Informationssuche zur Verfügung. Clients im WWW besitzen zudem wesentlich weniger Funktionalität als herkömmliche Benutzerschnittstellen. Sie dienen fast ausschließlich zur Informationspräsentation. Diese Unzulänglichkeiten können durch eine Reihe neuer Techniken und Zusatzkomponenten beseitigt werden.

- Java und andere Mobile Code Systeme bieten die Möglichkeit WWW-Clients mit mehr Funktionalität auszustatten.

- Asynchrone Verschlüsselungsverfahren ermöglichen eine sichere Datenübertragung im WWW und sind die Grundlage zahlreicher Internet-Zahlungsmittel.

- Die Kombination aus WWW, Java und verteilten Objekt-Techniken ermöglicht es auch, die Schwachstelle CGI zu umgehen und große verteilte Systeme zu realisieren.

- Leistungsstarke Suchmaschinen helfen dem Benutzer, sich im WWW-Informationssystem zurechtzufinden.

- Eine zentrale Benutzerverwaltung regelt den Zugriff auf die Komponenten des Systems.

Netzwerkzentrierte Architekturen

Das führt zu einer wichtigen Änderung im Aufbau unternehmensweiter WWW-Informationssysteme. Einfache zweischichtige Architekturen (engl.: two-tier-architecture), wie sie von konventionellen Client-Server-Systemen her bekannt sind, eignen sich in diesem Fall nicht mehr. Von vielen Herstellern werden daher bereits mehrschichtige, netzwerkzentrierte Anwendungsarchitekturen propagiert. Abbildung 3-2 zeigt die historische Entwicklung ausgehend von einfachen Stand-alone-Anwendungen bis zu modernen mehrschichtigen Architekturen.

Abbildung 3-2:
Historische
Entwicklung
mehrschichtiger
verteilter Anwen-
dungs-
architekturen

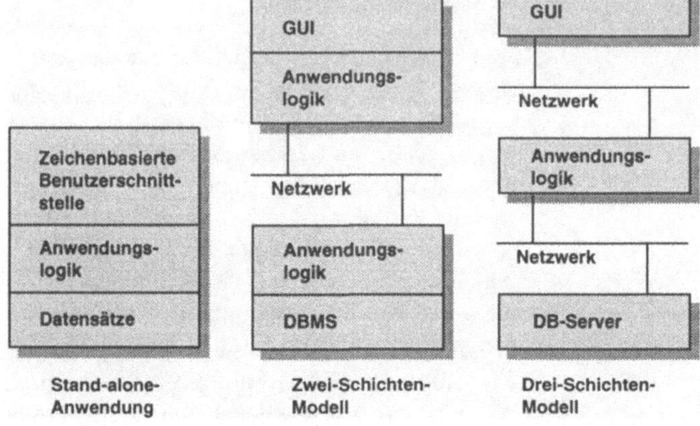

Wiederhold [vgl. auch Wied92] schlug bereits 1992 mehrschichtige Architekturen für zukünftige Informationssysteme
vor. Er fordert vor allem die Einführung einer sogenannten
Vermittlungsschicht (engl.: mediation layer) zwischen Benutzerschnittstelle und den reinen Datenressourcen (siehe Abbildung 3-3).

Abbildung 3-3:
Aufgaben in der
3-Schichten-
Architektur [nach
Wied92, 2]

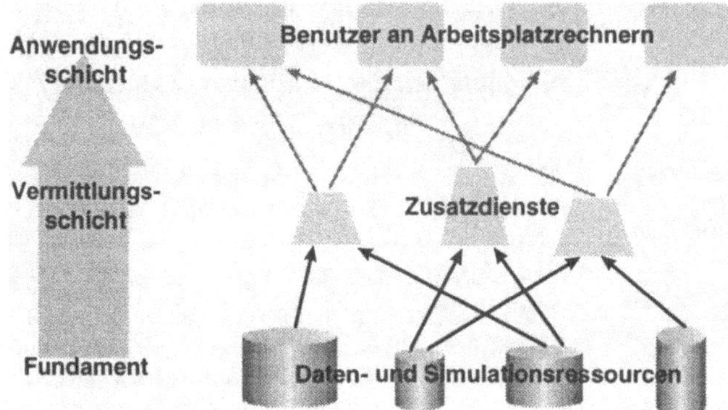

Er schreibt zur Notwendigkeit von mehrschichtigen Architekturen: „As information systems are increasing in scope,
they depend on many diverse, heterogeneous resources.

These resources are typically developed and maintained autonomously of the majority of the applications that use their results. ... When the disparate data collections can be combined, they can support high-level applications, as decision-making and planning. ... Mediators provide intermediary services, linking data resources and application programs" [siehe Wied95a, 3]. Die Rolle des Vermittlers (engl.: mediator) sieht er folgendermaßen: „A mediator is a software module that exploits encoded knowledge about certain sets or subsets of data to create information for a higher layer of applications" [siehe Wied92, 42]. Diese Aufgaben des Vermittlers werden in Wiederholds Modell (siehe Abblidung 3-3) von der zweiten Schicht (Mediation Layer) erfüllt. Dazu gehören Datenreduktion und Datenabstraktion nach den Vorstellungen des Benutzers. Daten werden in Information für den Benutzer umgewandelt. Auch in einem Ansatz von Riehm und Vogler werden dreischichtige Client-Server-Architekturen [vgl. Ös-Ri96, 29 ff.] beschrieben, die sich aus einer reinen Präsentationsschicht, der Applikationsfunktionalität und den Daten zusammensetzen. Viele der in diesem Modell beschriebenen Middlewaredienste wie Sicherheits-, Abrechnungs- oder Kommunikationsdienste müssen auch Bestandteil eines WWW-Informationssystems sein.

3.1.3   Vier-Schichtenmodell

Das hier vorgestellte Schichtenmodell unternehmensweiter WWW-Informationssysteme wird in vier Ebenen unterteilt. Neben der reinen *Präsentationsschicht* besteht das Modell aus den *betrieblichen Anwendungen,* den *Datenressourcen* und diversen *Zusatzdiensten,* wie der Benutzerverwaltung oder Such- und Retrievalmöglichkeiten, auf denen die WWW-Anwendungen aufbauen. Abbildung 3-4 zeigt den Aufbau des vierschichtigen Modells. Jede Schicht baut dabei auf den Diensten der darunterliegenden Schicht auf.

Abbildung 3-4:
Vier-Schichten-
modell betriebli-
cher WWW-
Informations-
systeme

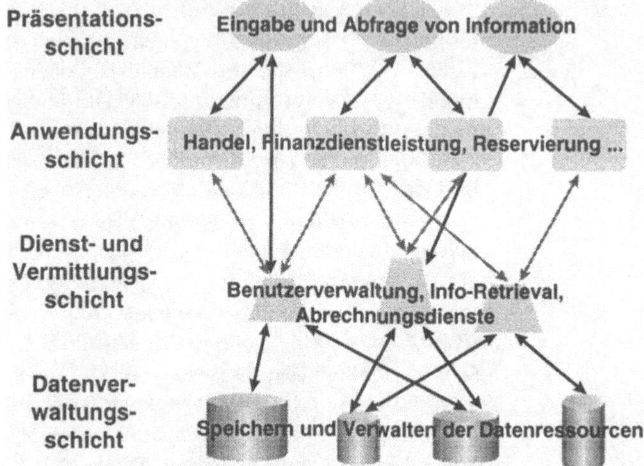

Die *Datenverwaltungs-Schicht* beinhaltet die im Unterneh-
mensnetzwerk vorhandenen Datenressourcen wie Dateien
und Datenbanken. Zu ihren Aufgaben gehören sowohl die
Speicherung und Verwaltung von Dokumenten in Dateien als
auch die Administration der Daten durch Datenbankmanagementsysteme. Die *Präsentationsschicht* ist die Benutzerschnittstelle des Systems. WWW-Techniken wie Java-Applets
oder HTML werden darin zur Präsentation sowie zur Eingabe
der Daten verwendet. Die *Dienst- und Vermittlungsschicht*
umfaßt Basisdienste, die von den Anwendungen, des Systems
in Anspruch genommen werden. Darunter fallen die Verzeichnisdienste, Abrechnungsdienste, Such- und Retrieval-
dienste. Die *Anwendungsschicht* beinhaltet die eigentlichen
Komponenten des WWW-Informationssystems. Je nach Art
des Unternehmens erfüllen sie die unterschiedlichsten Zwe k-
ke - von einfachen HTML-Dokumenten, die über die neu e-
sten Job-Angebote informieren bis zu komplexen Datenbankanwendungen zur Realisierung eines On-line-Bestellsystems.

Vorteile mehr-
schichtiger
Architekturen

Die Trennung in unterschiedliche Schichten verfolgt mehrere
Zwecke. In erster Linie führt sie ähnlich dem ANSI-SPARC-3-

Schichten-Modell [vgl. ElNa89, 26 f.] für Datenbanken zu einer gewissen *Unabhängigkeit der Schichten* voneinander. Das ermöglicht Änderungen in einer der Schichten (zum Beispiel Einführung neuer GUI-Techniken oder Änderung der Unternehmensregeln), ohne die Module in den anderen Schichten anzutasten. Das wiederum führt zu mehr *Modularität* und erleichtert sowohl die Entwicklung als auch die damit verbundenen Tests oder Fehlersuchen. Bei derzeitigen Client-Server-Anwendungen befindet sich, wie im Zwei-Schichten-Modell in Abbildung 3-2 gezeigt, Unternehmenslogik meist am Client als auch am (Datenbank-)Server. Das Vier-Schichtenmodell soll unter anderem die Unternehmenslogik sauber von den Daten und der Benutzerschnittstelle trennen. Im Vergleich zu herkömmlichen Client-Server-Anwendungen kann der Umfang des Benutzer-Clients dadurch drastisch verringert werden.

Nachdem nun der grundsätzliche Aufbau unternehmensweiter WWW-Informationssysteme geklärt ist, sollen die Bestandteile der einzelnen Schichten und die dazu benötigten Techniken genauer betrachtet werden. Die in der *Datenverwaltungsschicht* dargestellte Informationsinfrastruktur stellt die betrieblichen Datenressourcen dar. Sie besteht einerseits aus strukturierten Daten in Datenbanken und andererseits elektronischen Dokumenten von Tabellenkalkulations- oder Textverarbeitungsprogrammen, die im Dateisystem verschiedener Dateiserver lagern. Das Vorhandensein dieser Schicht ist die Voraussetzung für den Aufbau unternehmensweiter WWW-Informationssysteme. Die verwendeten Techniken werden als gegeben angenommen daher nicht genauer betrachtet.

3.2 Präsentationsschicht

Die Präsentationsschicht dient sowohl der Präsentation und Aufbereitung der Daten als auch der Eingabe durch den Benutzer. Wie bereits beschrieben [vgl. Abschnitt 2.5], sind der Oberflächengestaltung in HTML-Dokumenten enge Grenzen gesetzt. Viele Elemente graphischer Benutzeroberflächen wie anwendungsspezifische Menüleisten oder Pop-up-Windows können nicht eingesetzt werden. Zudem müssen schon einfachste Funktionen wie die Überprüfung von Benutzereingaben oder das Erstellen von Graphiken am Server erstellt werden. Reine WWW-Clients haben also für betriebliche Anwendungen zu wenig Funktionalität.

Mobile Code

Mobile-Code-Systeme schaffen hier Abhilfe. Sie sind mittlerweile schon fixer Bestandteil bei der Entwicklung von WWW-Anwendungen. Der Programm-Code wird über das Netz transferiert und dann auf dem lokalen Rechner ausgeführt. Die Systeme bieten daneben meist Plattformunabhängigkeit. Durch die zentrale Wartung dieser Anwendungsprogramme wird Installations- und Beratungsaufwand am Arbeitsplatzrechner verringert [vgl. Pits96b, 29]. Neben den zahlreichen Ansätzen wie Penguin, Python, Obliq oder NetREXX ist Java wohl die kommerziell verbreitetste Sprache. Die meisten WWW-Browser können mittlerweile Java-Code ausführen. Aufgrund dieser starken Marktpräsenz werden wir im folgenden vor allem die Eigenschaften von Java beschreiben. Danach wird der Nutzen des Einsatzes mobiler Agenten beim Aufbau von WWW-Informationssystemen betrachtet.

3.2.1   Java

Java wurde von Sun Microsystems entwickelt und ist von fast allen großen Software-Herstellern lizensiert worden. Es ist eine einfache, objektorientierte Sprache, die stark an C++ angelehnt ist. Gerade diese Eigenschaft dürfte einen der wichtigsten Erfolgsfaktoren darstellen, da der Umstieg von C++ relativ einfach ist. Für den Entwickler bietet es im Vergleich zu C oder C++ zahlreiche Erleichterungen.

Java-Quellcode wird mit Hilfe eines Compilers in Bytecode umgewandelt. Dieser Compiler erzeugt also keinen Maschinencode, sondern plattformunabhängigen Bytecode, der über das Netz übertragen werden kann und dann in einer geschützten und beschränkten Umgebung (beispielsweise im WWW-Browser) exekutiert werden kann (siehe Abbildung 3-5). Applikationen werden dabei sehr dynamisch behandelt.

Sie können während der Laufzeit um weitere Klassen oder Applikationen ergänzt werden, das heißt, Funktionen werden erst dann in den Arbeitsspeicher geladen, wenn sie auch tatsächlich vom Benutzer gebraucht werden. So kann ein in Java geschriebener Texteditor dynamisch um eine Funktion zur Tabellenbearbeitung erweitert werden. Von Sun wird das *Java Development Kit* (JDK) gratis für die Java-Entwicklung zur Verfügung gestellt. Daneben gibt es zahlreiche Entwicklungsumgebungen anderer Hersteller mit ausgereiften Editoren und Debugging-Werkzeugen.

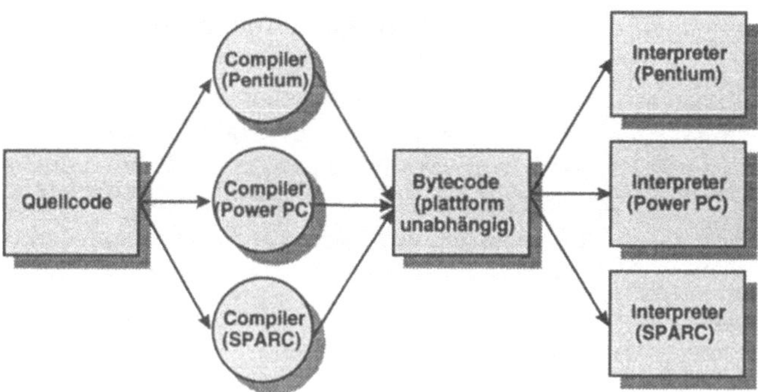

Abbildung 3-5:
Java-Compiler
[nach LePe96, 8]

Ein weiterer Vorteil Javas ist das Multithreading. Programme werden so interpretiert, daß sie in verschiedene Threads aufgeteilt sind, die vom Betriebssystem quasi parallel ausgeführt werden. Java-Programme setzten also voraus, in einer Multitasking-Umgebung gestartet zu werden. Das Antwortverhalten von Programmen wird dadurch wesentlich verbessert. Schreibt man einen Internet-Server in Java, so kann jede neue Verbindung durch einen Thread bearbeitet werden. Das Serverprogramm belegt dadurch wesentlich weniger Ressourcen am Rechner.

Fehlertoleranz und Robustheit waren wesentliche Entwicklungsziele bei Java. Funktionen, Variablen und Klassen müssen explizit definiert werden. Implizite Deklarationen, die sonst oftmals Fehlerquelle sind, werden somit ausgeschaltet. Daneben bietet Java automatische Speicherbereinigung (engl.:

garbage collection). Der Programmierer muß sich also nicht um das Entfernen nicht mehr gebrauchter Objekte aus dem Hauptspeicher kümmern. Unter Java gibt es auch keine Zeiger mehr. Man kann somit nicht mehr in fremde Speicherbereiche anderer Module oder Programme schreiben. Im Gegensatz zu C++ ist bei Java nur einfache Vererbung möglich.

Die Portierung von Programmcode auf andere Plattformen bzw. die Cross-Plattformentwicklung ist mit enormem Aufwand verbunden. Der Java-Interpreter stellt eine Art virtuelle Maschine dar, die den Bytecode unabhängig von der unterliegenden Hardware-Plattform ausführt. Die Plattformunabhängigkeit beziehungsweise die Option, Anwendungen mit minimalem Aufwand zu portieren, ist einer der großen Vorteile der Sprache. Die vergleichsweise geringe Geschwindigkeit von Java-Programmen wird durch Just-in-Time-Compiler erhöht. Diese sind in die Java Virtual Machine eingebaut und übersetzen den Bytecode beim ersten Aufruf einer Methode in Maschinencode.

Applets

Java-Applets sind kleine Java-Programme, die in HTML-Dokumente integriert sind. Wenn das Dokument abgerufen wird, wird das Applet geladen, im Web-Browser geprüft und interpretiert (siehe Abbildung 3-6). Konventionelle WWW-Technik hat den Nachteil, daß sowohl Graphiken als auch einfache Berechnungen über Gateway-Programme am Server erstellt werden müssen, bevor sie vom Browser dargestellt werden können. Durch Applets kann nun auch der Client solche Funktionen übernehmen. Dadurch wird die Rechenlast am Server beträchtlich verringert und der Netzwerkverkehr eingedämmt. Durch die einfache Art, Bytecode über das Netz zu transferieren, wird es möglich, ganze Softwarepakete im Internet zu verteilen. Eine solche Art der Distribution fertiger Java-Software ist vor allem ökonomisch interessant. Das Installieren neuer Programm-Versionen wird so zu einem schnellen und einfachen Verfahren.

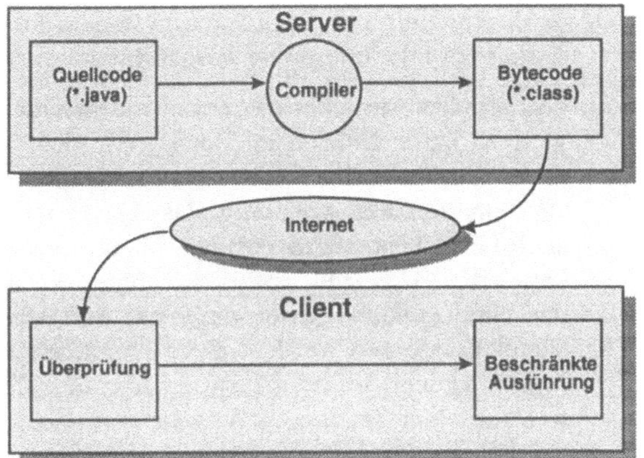

Abbildung 3-6
Laden von Java-
Applets [vgl.
HoSh, 18]

Sicherheit von
Java

Natürlich birgt das große Gefahren in Bezug auf die Sicherheit der übertragenen Applets. Der Einsatz im Netzwerk erfordert Schutz gegen unbefugte Manipulation von Dateien und Verzeichnissen. Dagegen hat man mehrere Strategien entwickelt: Schon bei der Sprache selbst wurde auf Sicherheit geachtet. Zeiger existieren überhaupt nicht, der Zugriffsschutz auf Objekte kann im Gegensatz zu C++ nicht umgangen werden. Schon beim Kompilieren des Programmes wird sichergestellt, daß der Quellcode keine der Sicherheitsregeln verletzt. Beim Kompilieren wird der Code auch mit Kontrollbytes versehen. Anhand dieser Markierung kann der Bytecode auf Fehler oder unbefugte Manipulation getestet werden. Dadurch können sich nach dem Kompilieren keine Viren mehr einnisten.

Eine Überprüfung des Byte-Codes durch den sog. *Bytecode Verifier* stellt sicher, daß er die Sicherheitsregeln der Sprache einhält. Das bietet Schutz gegen potentiell veränderte Compiler, die Quellcode produzieren, der nicht den Sicherheitsregeln entspricht [vgl. BaBe96, 94 f.]. Weiters prüft der *Klassenlader*, der dynamisch Klassen aus dem Netz lädt, daß Klassen nicht die Beschränkungen des Namensraumes oder Zugriffsschutzes verletzen. Der Klassenlader stellt also sicher, daß für lokale Klassen wie auch für Klassen aus dem Netzwerk eindeutige Namensräume bestehen. Erst dann wird der Code vom Java Interpreter ausgeführt.

Java Applets, die über das Netzwerk geladen werden, dürfen generell keine Dateien im Dateisystem des Client lesen oder schreiben und keine Netzwerkverbindungen aufbauen, außer zu dem Rechner, von dem das Applet stammt. Sie dürfen auch keine Programme auf dem Client starten oder Bibliotheken laden. Das stellt natürlich sehr starke Einschränkungen dar. Eine einfache Anwendung mit der lokale Dateien zum Server übertragen werden, ist somit nicht möglich. Mit dem Applet Viewer, einem Hilfsprogramm des JDK von Sun, sowie mit dem HotJava WWW-Browser von Sun ist es aber möglich in einer Access Control List Dateien und Verzeichnisse festzulegen, auf die Applets zugreifen dürfen. Bleibt zu hoffen, daß dieses Merkmal in nächster Zeit auch in anderen Browsern offensteht.

Packages

Die Java-Standardklassen sind in sogenannte *Packages* ähnlich den Bibliotheken für C-Funtkionen aufgeteilt. Die einzelnen hierarchischen Ebenen der Packages werden mit einem „.“ im Namen getrennt. Die Java Base Classes umfassen zahlreiche Funktionalität:

• java.applet	Erstellung von Applets
• java.awt	Abstract Windowing Toolikt, Erstellung portabler GUIs
• java.awt.image	zweidimensionale Bildbearbeitung
• java.awt.peer	Adaptieren der grafischer Elemente verschiedener GUIs
• java.io	Ein-Ausgabeoperationen
• java.lang	Operationen mit Grundtypen
• java.net	Netzwerkfunktionen (Sockets, HTTP und URLs)
• java.util	Nützliche Hilfsobjekte (Hash-Tabellen, Stacks etc.)

Diese Klassen werden ständig erweitert. Derzeit wird an einer Reihe von Frameworks gearbeitet, die die Erstellung kommerzieller Anwendungen erleichtern sollen [vgl. OrHa97, 39].

Das *Java Enterprise Framework* umfaßt den Zugriff auf Datenbanken über JDBC (Java Database Connectivity) [siehe Abschnitt 3.4.2] sowie die Möglichkeit auf Methoden von entfernten Objekten (RMI, CORBA) zuzugreifen [siehe Abschnitt 3.4.3]. Das *Java Commerce Framework* definiert Klassen für Kreditkarten, Elektronische Schecks und Elektronisches Geld. Das sog. JavaWallet stelle eine Client-Anwendung dar und enthält Daten des Einkäufers wie Name, Lieferadresse, Kreditkartennummer und Elektronisches Geld. Das *Security Framework* wird es Entwicklern ermöglichen Verschlüsselung und digitale Signaturen in ihre Anwendungen einzubauen und das *Media Framework* erleichtert die Erstellung von 2D-Grafiken, Animationen von 2D-Grafiken oder Ton. *Java Beans* stellen schließlich Java-basierte Komponenten dar ähnlich den OLE Controls von Microsoft.

JavaScript

Zur Abgrenzung soll auch JavaScript besprochen werden. JavaScript ist eine Erweiterung des WWW-Browsers. Es ist Bestandteil aller Netscape Browser. Der Name stammt von der Zusammenarbeit zwischen Netscape (LiveScript) und Sun. JavaScript ergänzt den Browser um bestimmte dynamische Eigenschaften, die in den HTML-Code von Seiten eingebettet werden [vgl. BaBe96, 72]. JavaScript-Programme können somit Feldinhalte auswerten oder auch dynamisch HTML generieren, bevor ein ausgefülltes Formular an den Web-Server geschickt wird. Java-Applets erfüllen völlig andere Zwecke als JavaScript. Java-Applets sind Anwendungen, die in einer HTML-Seite enthalten sind. JavaScript schließt eine Lücke zwischen statischem HTML, Server Side Includes und CGI-Programmen. Java-Applets können aber JavaScript-Code aufrufen und ausführen. Die Kombination von Java-Applets und dem WWW stellt jedenfalls die nötigen Techniken zur Verfügung, um damit die Präsentationsschicht unternehmensweiter WWW-Informationssysteme zu erstellen.

Die oben erwähnten Konzepte sind zwar nicht neu, haben aber erst mit Java eine weite Verbreitung erhalten. So bietet beispielsweise das UCSD-p-System mit UCSD-Pascal und UCSD-Basic seit langem Plattformunabhängigkeit sogar auf Ebene des Binärcodes. Bereits der portable Pascal-Compiler der ETH-Zürich aus den 80er Jahren, auf den das UCSD-p-System zurückgeht, verfolgte diese Ziele [vgl. auch Fisc96]. Auch die automatische Speicherverwaltung ist in anderen Programmiersprachen schon längst implementiert.

3.2.2 Remote Programming mit Agenten

Im Vergleich zu Programmen in Telescript oder Obliq können sich Java-Applets selbst nicht zur Laufzeit zu einem anderen Rechner migrieren. Solche Programme werden auch mobile Agenten genannt. Agenten gehören zu den größten Hoffnungsträgern für zukünftige netzwerkzentrierte Anwendungen. Bei Agententechnologie geraten viele Autoren in Euphorie: „Man stelle sich also einen persönlichen Software-Agenten vor, der mit seinem Anwender in natürlicher Sprache kommuniziert, der ständig aus dem Verhalten seines Benutzers lernt, der auch auf unvorhergesehene Ereignisse richtig zu reagieren vermag, der selbständig entscheidet, mit welchen Mitteln er seine Aufgaben erfüllt, und der auf diese Weise zum elektronischen Stellvertreter seines Besitzers im Netz wird" [siehe MeSc96, 522]. Abgesehen davon, daß nicht geklärt ist, wer für die Aktionen so eines „Stellvertreters" die Rechtsfolgen übernehmen soll und in wieweit es sinnvoll ist, eigene Entscheidungen von einem Agenten treffen zu lassen, ist dieses Szenario noch weit entfernt vom technisch Machbaren. Es gibt aber eine Reihe vielversprechender Forschungsprojekte auf dem Gebiet der verteilten Künstlichen Intelligenz, bei denen Agenten kooperativ Problemlösungen erarbeiten.

Der Begriff „Agent" ist schwer abzugrenzen und wird daher geradezu inflationär verwendet. Ein grundlegendes Kennzeichen ist, daß Agenten ohne unmittelbare Steuerung durch den Benutzer ihrem Geschäft nachgehen. Dieses Kriterium wird allerdings schon bei der einfachen Stapelverarbeitung erfüllt. Andere Definitionen legen fest, daß sie autonom agieren, daß sie in der Lage sind, mit anderen Agenten zu kommunizieren, auf unvorhergesehene Ereignisse reagieren und gesetzte Ziele aktiv verfolgen. Bei Multi-Agenten-Systemen steht vor allem der Kooperationsaspekt im Vordergrund [vgl. GeKe94, 48 ff.]. Sie lernen dabei entweder selbständig durch Beobachtung des Benutzers, oder sie müssen programmiert werden. Agenten werden zur Informationssuche, zur Automatisierung von Routinearbeiten sowie zur Entscheidungsunterstützung eingesetzt. Typische Aufgaben, die in Zukunft von Agenten erledigt werden können, sind das Sortieren von elektronischer Post, das Reservieren von Sitzplätzen, das Vereinbaren von Terminen oder Informieren über bestimmte Ereignisse. An der Idee der intelligenten Agenten arbeitet man in der Künstlichen Intelligenz bereits seit den 60er Jahren. Diese Arbeiten haben ein breites Spektrum an Ergebnissen gebracht. Agenten lassen sich dabei in statische Softwareagenten einteilen, die auf einem Rechner ihren Aufgaben nachgehen, und in die oben erwähnten *mobilen Agenten*, die im Netzwerk wandern.

Remote Programming

In diesem Abschnitt beschränken wir uns auf konkret zur Verfügung stehende Techniken und das mittelfristige Potential mobiler Agentensysteme (engl.: roaming agents) beim Aufbau eines unternehmensweiten WWW-Informationssystems. „Ein mobiler Agent kann definiert werden als eine Kapselung von Code, Daten und Ausführungskontext. Er ist in der Lage, während seiner Ausführung autonom und zweckvoll zu migrieren" [siehe Merz96, 47 f.]. Ein wichtiges Einsatzgebiet ist die Anbindung vieler WWW-Clients an das WWW-Informationssystem über langsame schmalbandige Netzwerkverbindungen. Ein Vorteil mobiler Agenten ist das *Remote Programming* [vgl. KaWh96, 608 f.]. Bei konventionellen Client-Server-Architekturen müssen Client und Server permanent on-line sein und unter Umständen umfangreiche Datenströme austauschen, die Ein- und Ausgabedaten umfassen. Die Daten, die für den Benutzer von Interesse sind, machen oft nur einen kleinen Teil der Daten aus, der Rest belastet nur das Netzwerk. Bei langsamen Modem-Verbindungen führt dieser zu einer äußerst schlechten Leistung des Gesamtsystems. Der grundsätzliche Gedanke hinter mobilen Agenten ist nun, nicht ständig Nachrichten zwischen Objekten auf verschiedenen Rechnern auszutauschen, sondern einen Agenten zu beauftragen, der dann über das Netzwerk wandert und dort seine Aufgaben erledigt. Danach müssen nur mehr die Ergebnisse des Auftrages an den Auftraggeber rückübermittelt werden. Datenströme fließen also, indem Agenten zur jeweiligen Datenquelle wandern und nur bei Bedarf Daten schicken. Das führt zu einer drastischen Reduktion des Netzwerkverkehrs und entlastet den Benutzer von vielen „unnötigen" Eingaben.

Abbildung 3-7:
Client-Server vs.
Remote Programming [nach
KaWh96, 609]

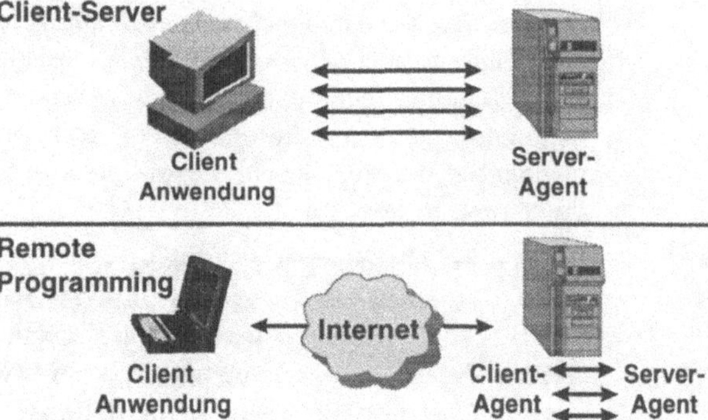

Agenten sind nicht in das übliche Client-Server-Schema zu bringen. Sie treten unter Umständen als Client aller möglichen Server auf und sollen gleichzeitig selbst Server für ihre Auftraggeber sein. Wayner [vgl. Wayn95, 12 ff.] veranschaulicht die Vorteile des Remote Programming anhand einer Online-Flugreservierung und der zahlreichen Netzwerkverbindungen, die bei konventionellen Flug-Buchungssystemen nötig sind im Vergleich zu einer einzigen Netzwerkverbindung bei der Verwendung eines Buchungs-Agenten. *Client-Agent-Server-Architekturen*, wie sie von verschiedenen Firmen angeboten werden, verfolgen genau dieses Ziel. Derzeitige

Produkte dienen vor allem dazu, Außendienstmitarbeiter beim Zugriff auf Firmendatenbanken zu unterstützen. Die Anbindung solcher Mitarbeiter erfolgt meist über Modem und Telefonleitung und erlaubt daher nur sehr niedrige Übertragungsraten. Die im Betrieb eingesetzten Client-Server-Anwendungen sind hier kaum praktikabel. Diese Art von Agenten ist allerdings nicht als „intelligent" zu bezeichnen, da sie sich nicht ihrer Umgebung anpassen können. Nicht zu verwechseln sind mobile Agenten mit Java Applets. Im ersten Fall wandern Objekte zur Laufzeit vom Client zum Server. Bei Applets wird Bytecode vom Server zum Client geschickt und dann lokal ausgeführt.

Telescript Konventionelle Internettechnologie ermöglicht derzeit noch keinen Einsatz mobiler Agenten. Dazu ist ein weiteres Protokoll auf Anwendungsebene nötig, das Agentenserver implementiert, die mobile Agenten beherbergen können, um sie dann auszuführen. Solche Umgebungen werden von mehreren Herstellern angeboten. Eine der wichtigsten Sprachen für mobile Agenten ist *Telescript* der Firma General Magic [vgl. Wayn95, 184 ff.]. Telescript ist eine objektorientierte Sprache, die in Form von vordefinierten Klassen eine Reihe von Abstraktionen implementiert, die einen konzeptionellen Rahmen für agentenbasierte verteilte Systeme bereitstellen. Dabei können sowohl das Internet oder TCP/IP-basierte lokale Netze als auch das Telefonnetz als Transportmedium dienen. Telescript-Prozesse können mittlerweile auch als HTTP-Clients und als HTTP-Server fungieren. Der aktive Web-Server von General Magic beherbergt Telescript-Agenten.

Agentenserver werden in Teleskript als „Plätze" bezeichnet. Das sind logische Netzknoten, die einen Dienst anbieten und die ein residenter Prozeß repräsentiert. „Agenten" sind mobile Prozesse, die zwischen Plätzen wandern können, um Aufgaben für ihre Besitzer wahrzunehmen. Zur Bewegung von einem Platz zum anderen dient die vordefinierte Methode „Go". Agenten können eine Kommunikationsverbindung aufnehmen, wenn sie sich an verschiedenen Plätzen befinden oder sich an einem Platz treffen. Wenn ein Agent eintrifft, startet die Telescript-Maschine diesen als lokalen Prozeß in dem Zustand, in dem er zuletzt terminiert ist. Immer wenn ein Agent ankommt, wird die „Entering"-Methode ausgeführt, die ihn authentifiziert. Jeder Agent hat eine verschlüsselte elektronische Unterschrift, durch die er authentifiziert werden kann. Der Agent kann aber auch nach der Authentifikation nicht direkt auf Hauptspeicher oder Festplatte zugreifen [vgl. OrHa96, 403 ff.], sondern wird in einer geschützten Umgebung ausgeführt.

Safe-TCL

Neben Telescript existieren von den verschiedensten Unternehmen wie FTP Software (CyberAgents) und IBM (Aglets Workbench) Agenten, die auf Java basieren. Sie bieten ähnliche Funktionalität wie Telescript. Weite Verbreitung hat neben Telescript auch *Safe-TCL* [vgl. Wayn95, 162 ff.]. TCL, eine interpretierte Skriptsprache von John Ousterhout ist eine weit verbreitete Sprache für Prototyping-Zwecke. Damit ist es möglich, C-Programme zu einem Programmkomplex zusammenzubinden. Safe-TCL ist eine E-Mail-basierte Agentensprache, die auf TCL basiert. Ein über E-Mail hereinkommendes Skript wird evaluiert und ausgeführt. Der TCL-Interpreter überwacht die sichere Ausführung des Skripts. Dazu ist es möglich die hereinkommenden E-Mails über Pretty Good Privacy (PGP) zu authentifizieren. Im Gegensatz zu Telescript können die Skripts nicht autonom von Rechner zu Rechner wandern. Es ist auch nicht möglich, die Daten und den Zustand des Skripts zu speichern und dieses dann weiterzuschicken.

Voraussetzungen für mobile Agenten

Für mobile Agenten müssen eine Reihe von Voraussetzungen gegeben sein. Jeder Platz und jeder Agent hat einen Besitzer, der für das Verhalten der Software verantwortlich ist. Jedem Prozeß stehen bestimmte Zugriffsrechte und Ressourcen zu, die eingeschränkt werden können. Der Zugriff auf gefährliche Systemfunktionen darf dabei nicht zugelassen werden. Ein Agent muß verläßlich authentifiziert werden können. Es muß sichergestellt werden können, daß niemand die schutzwürdigen Daten des Agenten lesen kann. Wenn ein Agent kostenpflichtige Dienste des Wirtssystems in Anspruch nimmt, muß es einen Modus der Abrechnung geben, und Agenten dürfen natürlich selbst keine vertraulichen Daten des Wirts lesen oder zerstören.

Einsatzgebiete

Momentan kommerziell verfügbare, *agentenbasierte Anwendungen* durchsuchen Usenet Newsgroups, HTML-Dokumente, E-Mail, Meldungen von Nachrichtenagenturen und komplette Firmendatenbanken. Nach Eingabe des Suchkriteriums werden die Ergebnisse in einer HTML-Datei geliefert oder per E-Mail zugestellt. Ebenso gibt es kommerziell verfügbare Agenten, die beispielsweise Aktienkurse überwachen und den Benutzer bei bestimmten Ereignissen via E-Mail benachrichtigen. Eher im Prototyp-Stadium sind Multiagentensysteme, die gemeinsam Problemstellungen lösen. Solche Systeme werden beispielsweise zur Flugsicherung eingesetzt oder beim Entstehungsprozeß von Virtuellen Unternehmen im Internet [vgl. FiHe96, 38 ff.]. Das TSE-Projekt bei Andersen Consulting [vgl. auch ChSc96] setzt Agenten- und WWW-Technologie ein, um aktive Zusammenarbeit in Workflowsystemen zu erleichtern. Agenten übernehmen dabei viele Tätigkeiten der beteiligten Personen, organisieren deren Aufgaben oder zeigen wichtige Ereignisse an. Bei dieser Form der Arbeitsorganisation reisen Objekte mit dem Geschäftsprozeß durch das Unternehmensnetz. Eine solche agentenbasierte Workflow-Architektur demonstriert, wie sich ein System durch die Kooperation relativ autonomer Komponenten zu regulieren vermag, ohne eine zentrale Steuerung zu erfordern. Zusammengefaßt bietet agentenbasierte Software eine Reihe von Vorteilen:

Reduktion von „Information Overload"
Agenten (statisch und mobil) werden oft als Informationsfilter eingesetzt.

Reduktion von Routinetätigkeiten
Der Benutzer wird von wiederkehrenden Tätigkeiten entlastet. Agenten können beispielsweise laufend Trends überwachen und bei Abweichungen den Benutzer informieren.

Verringerte Kommunikationskosten

Durch geringeren Datenaustausch zwischen Client und Server werden auch die Kommunikationskosten gesenkt.

Reduktion der Netzwerkbelastung

Durch den geringeren Datenaustausch wird auch die Netzwerkbelastung verringert.

Bessere Möglichkeiten für schwache Clients

Durch Remote Programming wird die Rechenleistung des Servers genutzt. Leistungsschwache Benutzerclients wie PDAs müssen nur mehr die Ergebnisse verarbeiten.

Bessere Möglichkeiten bei Mobile Computing

Die kürzeren Verbindungszeiten sind vor allem bei schmalbandigen Datenübertragungsleitungen, wie sie im Mobile Computing verwendet werden, vorteilhaft.

Mobile Agenten sind zwar nur für bestimmte Anwendungen sinnvoll, werden aber ein wichtiger Bestandteil zukünftiger netzwerkzentrierter Anwendungen sein. Derzeitige Produkte leiden vor allem an der fehlenden Anbindung an „Nichtagentenanwendungen". In zahlreichen Projekten wird derzeit an der Integration von Internet- und Agenten-Techniken gearbeitet. Internet-Server wie WWW- oder News-Server sollen dabei auch als Agenten-Server fungieren.

3.3   Dienst- und Vermittlungsschicht

Die Kombination von Java-Applets und HTML-Dokumenten erweitert die Möglichkeiten bei der Entwicklung von WWW-Benutzerschnittstellen erheblich. Trotzdem sind noch zahlreiche Probleme, die durch den Einsatz von WWW-Techniken entstehen, ungelöst [vgl. Abschnitt 2.5]. Es fehlen vor allem

- Transaktionssicherheit
- Abrechungsfunktionalität
- Benutzer- und Zugriffsverwaltung
- Such- und Retrievalinstrumente

Für unternehmensweite Systeme benötigt man also zusätzliche Komponenten, die diese Aufgaben erfüllen. Diese Komponenten befinden sich in der Dienst- und Vermittlungsschicht. Sie enthält die Werkzeuge zum Management verteilter Systeme wie Verzeichnisdienste, Such- und Retrievalinstrumente, Kommunikationsdienste und Abrechnungsdienste. Abbildung 3-8 veranschaulicht die Komponenten der Dienst- und Vermittlungsschicht eingebettet in das Vier-Schichtenmodell.

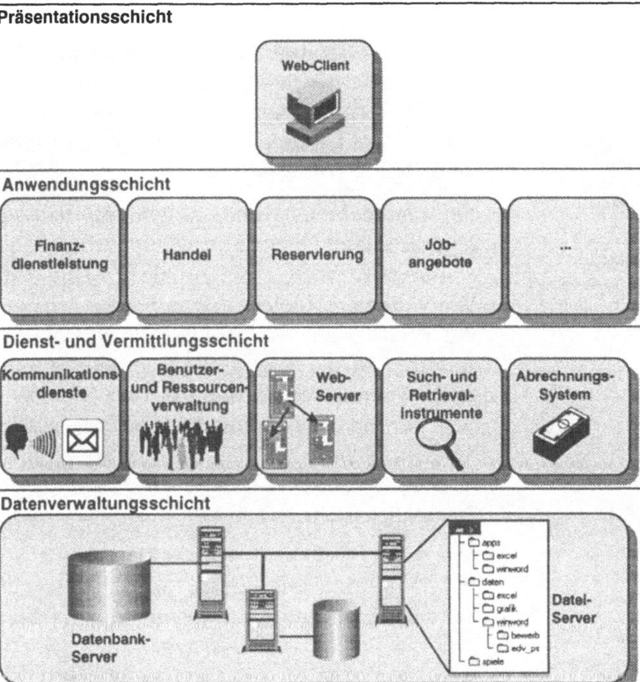

Abbildung 3-8: Komponenten der Dienst- und Vermittlungsschicht im Vier-Schichtenmodell

Das zentrale Element eines unternehmensweiten WWW-Informationssystems ist ein *sicherer WWW-Server.* Dieser gewährt Zugriff auf das Netz statischer Hyperdokumente, das die grundlegende Struktur des WWW-Informationssystems bestimmt. Dieser statische Teil leitet den Benutzer bei seiner

Informationssuche und stellt Einstiegspunkte zu den betrieblichen Anwendungen und Datenbanken zur Verfügung. Für die Durchführung kommerzieller Transaktionen muß der WWW-Server ein sicheres Protokoll wie SSL, PCT oder S-HTTP unterstützen. Sichere Transaktionen werden in Abschnitt 3.3.1 behandelt.

Im Abschnitt 3.3.2 wird überblicksmäßig auf die wichtigsten Internet-Zahlungssysteme eingegangen, die in *Abrechnungssystemen* zum Einsatz kommen. Zahlungspflichtige Angebote des WWW-Informationssystems sollen über diese Verfahren abgerechnet werden können. *Suchmaschinen* sind ein fixer Bestandteil in unternehmensweiten WWW-Informationssystemen. Sie erlauben es dem Benutzer gezielt nach Information in dem Geflecht von HTML-Dokumenten zu suchen und sind Thema von Abschnitt 3.3.3.

Ein unternehmensweites WWW-Informationssystem benötigt natürlich auch eine *unternehmensweite Benutzer- und Ressourcenverwaltung*. Neben den Benutzerdatenbanken von WWW-Servern bieten Verzeichnisdienste neue Optionen für die Realisierung unternehmensweit einheitlicher Zugriffsverwaltung. In die Dienst- und Vermittlungsschicht lassen sich auch *Kommunikationsdienste* wie E-Mail, On-line-Diskussionslisten oder Newsgroups einordnen, auf die aber in diesem Rahmen nicht näher eingegangen wird.

3.3.1   Transaktionssicherheit im WWW

Die wohl wichtigste Voraussetzung für unternehmensweite WWW-Informationssysteme ist die Systemsicherheit. Ziel ist es, daß die Ressourcen gegen unerlaubten Zugriff geschützt und bei Bedarf auch verfügbar sind. Die am häufigsten verwendeten Einbruchsmethoden erfolgen durch sogenannte „Sniffer-Attacken", bei denen die Datenübertragung belauscht wird [vgl. Kyas96, 46]. Ein weiterer Trick für Systemeinbrüche ist IP-Spoofing. Dabei werden vom Angreifer die eigenen Datenpakete mit Sendeadressen versehen, die im Adreßbereich des Zielnetzwerkes liegen und damit als von eigenen Nutzern generiert erscheinen. Oft werden auch Fehler der

Mail-Server-Applikation „sendmail" ausgenutzt, um ein System zu knacken. Ein Sicherheitskonzept umfaßt daher ein weites Feld vom Sabotageschutz bis zur Wahrung der Datenintegrität und zum Schutz vor Datenverlust [vgl. ÖsRi96, 41].

Firewalls [siehe Abschnitt 2.4.3] schirmen Netzbereiche vor Angriffen ab, indem sie den ankommenden Verkehr „filtern" und nur bestimmte Klassen des Datenverkehrs zulassen. Sie können zwar das lokale Netzwerk nach außen absichern, sind jedoch nicht dafür gedacht, Transaktionssicherheit zwischen Kommunikationspartnern zu erreichen. In diesem Abschnitt stehen daher Techniken zur sicheren Datenübertragung sowie zur Authentifizierung des Kommunikationspartners im Mittelpunkt. Für einen kommerziellen Einsatz müssen dabei folgende Voraussetzungen gegeben sein:

- *Authentizität*: Verläßliche gegenseitige Identifizierung.

- *Integrität*: Nicht Änderbarkeit einer übertragenen Nachricht.

- *Vertraulichkeit*: Uneinsehbarkeit des Inhaltes.

- *Verbindlichkeit*: Nicht-Abstreitbarkeit des Absendevorganges oder Empfanges einer Nachricht.

Das Internet gilt als sehr „unsicheres" Transportmedium. Eine der Hauptursachen für die Vielzahl an Sicherheitsproblemen im Internet stellt die Architektur der TCP/IP-Protokollfamilie dar. Keines dieser Protokolle wurde ursprünglich zur sicheren Datenübertragung entwickelt. Am Internet übertragene Nachrichten gehen über mehrere fremde Netzwerke außerhalb des unternehmensinternen LANs. Diese Netze unterliegen weder der eigenen Kontrolle noch der einer zentralen Autorität. Gelingt es Hackern, sogenannte „Sniffer"-Programme auf einem oder mehreren Vermittlungsknoten zu installieren, können beispielsweise im Klartext übertragenen Paßwörter enttarnt werden. Der von den Internet-Protokollen verwendete Adressierungsmechanismus läßt zudem eine eindeutige Identifizierung des Empfängers oder Absenders nicht zu. Im Rahmen des neuen IP-Standards Version 6 versucht man die Sicherheitsprobleme im Internet zu lösen. Die IETF hat zwei

Sicherheitsmechanismen vorgesehen: Authentifizierung und Sicherheitseinkapselung. Ein Authentifizierungs-Header stellt eine fälschungssichere Unterschrift dar, die gewährleisten soll, daß ein IP-Paket wirklich von dem angegebenen Absender stammt und unterwegs nicht verfälscht wurde. Eine Realisierung wird jedoch noch einige Jahre dauern, so daß zunächst Protokolle wie SSL, S-HTTP oder SET in der Praxis verwendet werden [vgl. ÖsRi96, 115].

Verschlüsselungsmethoden

Auf Netzwerkebene setzt das von Netscape Communications seit 1994 entwickelte SSL (Secure Socket Layer) an, sowie das von Microsoft vorgestellte Verschlüsselungsverfahren Private Communication Technology (PCT). PCT ist eng an SSL angelehnt. Oberhalb der Netzwerkebene hat vor allem S-HTTP der Firma Enterprise Integration Technologies Bedeutung. S-HTTP liegt der IETF als Draft zur Standardisierung vor und erweitert HTTP um Sicherheitsmechanismen. Bei all diesen Verfahren werden sowohl symmetrische als auch asymmetrische Verschlüsselungsverfahren verwendet.

Private-Key Verfahren

Symmetrische Codierungsverfahren werden auch als Private-Key-Verfahren bezeichnet und verwenden denselben Schlüssel zum Ver- und Entschlüsseln. Es stellt sich allerdings das Problem, daß sowohl Sender als auch Empfänger über den selben Schlüssel verfügen müssen, bevor das Verfahren eingesetzt werden kann. Das heißt, vor der Datenübermittlung muß erst der Schlüssel auf einem „sicheren Weg" ausgetauscht werden. Das wohl bekannteste Private-Key-Verfahren ist DES (Data Encryption Standard). Es wurde 1977 vom US NBS (National Bureau of Standards) vorgestellt und arbeitet mit einer festen Schlüssellänge von 56 Bit. Weitere Verfahren sind IDEA und RC4/RC5. Bei letzterem handelt es sich um ein Verfahren mit variabler Schlüssellänge.

Public-Key Verfahren

Asymmetrische Verschlüsselungsverfahren verwenden im Gegensatz zu den symmetrischen zwei Schlüssel: einen geheimen (Secret Key) und einen öffentlichen (Public Key). Daher werden sie auch häufig als Public-Key-Verfahren [vgl. Schn94, 273] bezeichnet. Dabei kann der Public Key, wie der Name schon sagt, öffentlich bekanntgegeben sein. Der Secret Key hingegen muß geheim bleiben. Zur Codierung von Dokumenten reicht der Public Key allein aus (siehe Abbildung 3-9). Das chiffrierte Dokument läßt sich anschließend nur mit dem zum verwendeten Public Key passenden Secret Key wieder dechiffrieren. Das bekannteste Public-Key-Verfahren ist RSA, das nach seinen Erfindern Ron Rivest, Adi Shamir und Len Adleman benannt ist. Man kann dabei eine Nachricht allein mit dem Public Key codieren, ohne Kenntnis des Secret Key ist es bei entsprechender Länge der Keys nicht möglich, die Nachricht zu decodieren. Kryptographische Algorithmen fallen in den USA unter das Kriegswaffenkontrollgesetz. Daher ist ihr Export nur eingeschränkt möglich.

Abbildung 3-9:
Funktionsweise
der Public-Key-
Kryptographie
[nach Hans96c,
454]

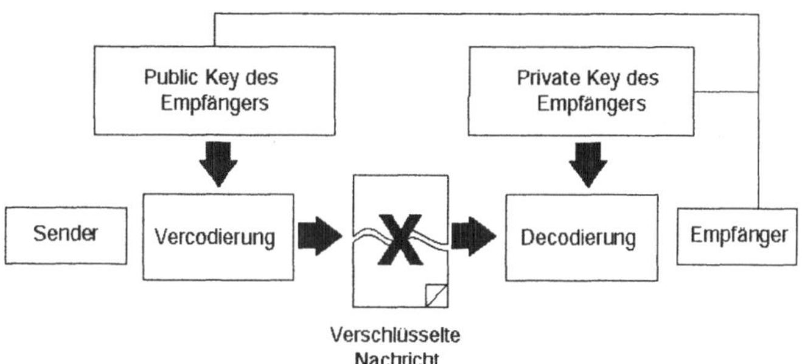

Da Private-Key-Verfahren im Vergleich zu Public-Key-Verfahren um ein Vielfaches schneller sind, verwenden viele Produkte eine Kombination beider Verfahren, um ein Optimum an Sicherheit und Geschwindigkeit zu gewährleisten. Dabei wird die eigentliche Nachricht in der Regel mit einem Private-Key-Verfahren und einem Schlüssel fester Länge codiert. Das Public-Key-Verfahren wird nur dazu verwendet, um den Sitzungsschlüssel (Session-Key) zu übermitteln. Das nachfolgend behandelte SSL setzt zum Beispiel für die Datenübertragung DES ein. Der zufällig generierte DES-Session-Key wird RSA-codiert verschickt.

Digitale Signaturen

Um die Echtheit elektronisch übermittelter Nachrichten zu überprüfen, werden im allgemeinen sogenannte Einweg-Hash-Funktionen verwendet, die für ein Dokument eine eindeutige Prüfsumme erzeugen können, aus der nicht wieder auf das Originaldokument geschlossen werden kann. Man kann damit eine Art elektronische Unterschrift erzeugen, indem man die Prüfsumme des Dokuments, das verschlüsselt werden soll, berechnet und diese statt mit dem Public Key des Adressaten mit dem eigenen Secret Key codiert und einfach an das verschlüsselte Dokument anhängt. Der Empfänger kann nach der Entschlüsselung des Dokuments seinerseits die Prüfsumme bestimmen und diese mit der mitgeschickten vergleichen. Dazu versucht er, die angehängte, codierte Prüfsumme mit dem Public Key des Absenders zu decodieren. Gelingt dies, und stimmen die Prüfsummen überein, ist sichergestellt, daß einerseits nichts nachträglich am Dokument verändert wurde, und daß andererseits das Dokument wirklich von dem angegebenen Absender stammt.

Sichere Datenübertragung im WWW

SSL ist nicht nur für HTTP vorgesehen, sondern kann jedes Transportprotokoll um einen sicheren Kanal erweitern. SSL setzt auf der Socket-Schnittstelle auf, dem Standard für den Zugriff auf TCP unter Unix und Windows. Dadurch stehen die Sicherheitsmerkmale auch für andere Anwendungsprogramme wie FTP oder Telnet zur Verfügung. Vor der Datenübertragung arbeiten Client und Server ein Handshake-Protokoll ab, in dem sie sich auf einen Verschlüsselungsalgorithmus einigen und den Sitzungsschlüssel austauschen. Danach sind beide Seiten zur Übertragung der Anwendungsdaten bereit. Diese werden im Rahmen eines Record-Protokolls nach dem vereinbarten Verfahren verschlüsselt und mit einem Message Authentication Code zur Gewährleistung der Datenintegrität versehen.

Neben SSL sind noch Shen von Phillip Hallam-Baker (CERN) und S-HTTP von Bedeutung. Shen soll ähnlich wie SSL das derzeitige HTTP-Protokoll absichern. Das Verfahren ist aber kaum verbreitet. S-HTTP entstand aus einer Kooperation zwischen RSA Data Security Inc. und EIT Enterprise Integration Technologies. S-HTTP nimmt nicht nur am Transferprotokoll Erweiterungen vor, sondern definiert auch neue Elemente für HTML. Es stellt einen Rahmen für die Anwendung verschiedener kryptographischer Standardmethoden dar. Eine S-HTTP-Nachricht besteht aus einer gekapselten HTTP-Nachricht und einigen vorangestellten Kopfzeilen, die das Format der gekapselten Daten beschreiben. SSL und S-HTTP schließen sich nicht gegenseitig aus. Vielmehr können sie auch zusammen eingesetzt werden, indem man S-HTTP auf SSL aufsetzt.

Zertifizierung

Da im Internet nicht von vornherein sicher ist, daß der Besitzer eines Schlüsselpaares tatsächlich derjenige ist, für den er sich ausgibt, sind vertrauenswürdige Dritte nötig, die die Bindung zwischen einem Schlüsselpaar und einer Person bestätigen. Diese Aufgabe wird meist von Zertifizierungsstellen (engl.: Certification Authority, CA) wahrgenommen, die einen Status wie Notare oder öffentliche Behörden innehaben. Die Urkunden dieser CAs werden Zertifikate genannt. Ein Zertifikat ist also ein überprüfbares, öffentliches Dokument, das Information über seinen Besitzer enthält und von einer vertrauenswürdigen Institution (Zertifizierungsstelle) unterschrieben ist.

Bei elektronischen Zertifikaten bestätigt die digitale Unterschrift einer Zertifizierungsstelle die Echtheit. Diese digitalen Unterschriften werden, wie oben beschrieben mit asymmetrischen Verschlüsselungstechniken erzeugt. Zum Erstellen einer Unterschrift ist der private Schlüssel notwendig, während die Verifizierung mit dem öffentlichen Schlüssel erfolgt. Somit kann jeder, der den öffentlichen Schlüssel der Zertifizierungsstelle kennt, die Echtheit eines vorgelegten Zertifikates prüfen. Der öffentliche Schlüssel der Zertifizierungsstelle ist allgemein bekannt, da jeder den öffentlichen Schlüssel in seinem Besitz hat. Solche Schlüssel verschiedener Zertifizierungsstellen sind in den meisten Browsern fest gespeichert (siehe Abbildung 3-10).

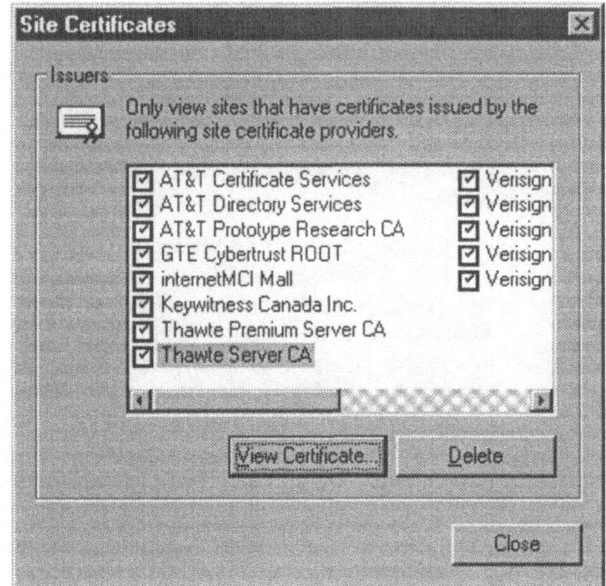

Abbildung 3-10:
Zertifikate im
Microsoft Internet
Explorer

X.509-Zertifikate

Mehrere Standards beschreiben das Aussehen der Zertifikate, dessen bekanntester der ISO-Standard X.509 sein dürfte, der auch bei SSL Verwendung findet. Die Beschreibung der Syntax eines Zertifikats erfolgt dort mit Hilfe der Spezifikationssprache ASN.1. Enthalten sind die Seriennummer, die Namen der CA und des Inhabers, die Gültigkeitsdauer, das verwendete Public-Key Verfahren sowie der öffentliche Schlüssel des Inhabers. Nach diesen Eintragungen erfolgt die digitale Unterschrift der CA. Zu deren Erzeugung werden beispielsweise Hashverfahren wie MD5 verwendet, die die Information zu einer Art Prüfsumme verarbeiten. Das Ergebnis wird dann mit RSA verschlüsselt. Hier drängt sich die Frage auf, wer die Vertrauenswürdigkeit der CA-Unterschrift gewährleistet. Dazu schlägt der Standard eine baumartige Zertifizierungshierarchie vor, an deren Spitze eine übergeordnete Einrichtung steht. Ihre digitale Unterschrift muß so weit verbreitet sein, daß sich jeder Internet-Nutzer ihrer bedienen kann. Empfänger einer digital unterzeichneten Nachricht erhalten zusätzlich das Zertifikat des Absenders. Werden Sender und Empfänger bei der gleichen CA geführt, kann die Authentizität des Zertifikates sofort nachgewiesen werden. Andernfalls muß in der Zertifizierungshierarchie so weit aufgestiegen werden, bis man auf einen gemeinsamen Knoten in der Baumstruktur stößt, von der bis zur CA des Absenders abgestiegen werden kann. Sowohl PEM (Privacy Enhanced Mail), ein Standard des Internet Architecture Board, als auch SSL setzen das X.509 Format ein.

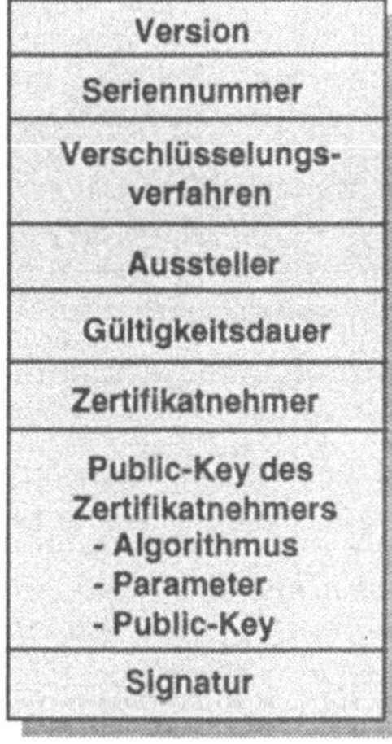

Abbildung 3-11:
Aufbau eines
Zertifikates nach
ISO X.509

Der WWW-Anbieter generiert also ein Schlüsselpaar. Der öffentliche Schlüssel wird an die Zertifizierungsstelle geschickt und von dieser nach obigem Verfahren zertifiziert. Dieses Zertifikat wird dann am Web-Server installiert. Beim Einsatz des SSL-Protokolls wählt der Client einen zufälligen Sitzungsschlüssel zur Verschlüsselung aller Daten nach Abschluß der Initialisierung. Dieser Session Key wird für die Übermittlung an den Server mit dem aus dessen Zertifikat bekannten öffentlichen Schlüssel des Servers chiffriert. Nur der Server selbst kann den Sitzungsschlüssel entziffern. Um das dem Client zu beweisen, chiffriert er damit eine von diesem gesendete Nachricht. Vor allem in den USA haben sich mehrere Unternehmen auf das Ausstellen von Zertifikaten spezialisiert. Daneben gibt es auch in Europa Bemühungen zum Aufbau eigener Zertifizierungshierarchien.

3.3.2 Abrechnungssysteme

Zahlreiche Dienstleistungen werden am Internet nur realisiert werden können, wenn die Anbieter für ihre Dienste eine Kompensation erhalten. Dazu gehören Abfragen von Datenbanken, durch Copyright geschützte Information sowie erbrachte Dienstleistungen. Für die dazu benötigten Internet-Zahlungssysteme gibt es eine Vielzahl unterschiedlichster Ansätze. WWW-Informationssysteme benötigen Abrechnungssysteme, über die Dienste des Systems verrechnet werden können. Dabei kann es sich einerseits um Waren oder Dienstleistungen handeln, die über das Internet angeboten werden oder auch um innerbetriebliche Leistungsverrechnung. Da es sich hier um ein sehr dynamisches und in der Entwicklung befindliches Gebiet handelt, soll nur ein grober Abriß über die wichtigsten Verfahren gegeben werden.

Electronic Cash

Neben der einfachen Zahlung per Nachnahme wurden zahlreiche Prototypen für elektronisches Geld oder elektronische Schecks entwickelt. *Electronic Cash* stellt das elektronische Pendant zu Bargeld dar. Hier hat neben dem EU-Projekt CAFE (Conditional Access For Europe), bei dem Chipkarten-Technik eingesetzt wird, vor allem die Firma DigiCash mit ihrem Produkt E-Cash große Bekanntheit erlangt. Dieses Verfahren benötigt keine zusätzliche Hardware, sondern wird durch eine reine Softwarelösung implementiert. Das Verfahren wird auch bereits von einigen Großbanken eingesetzt. Der große Vorteil liegt in der Anonymität der geleisteten Zahlungen, ähnlich wie bei Bargeld.

Micro Payments

Für Kleinstbeträge (engl. *micro payments*), für die die obigen Verfahren zu aufwendig sind, wurde ein Verfahren von Digital mit dem Namen Millicent entwickelt. Millicent benutzt Berechtigungsscheine, die jeweils nur für einen bestimmten Anbieter Gültigkeit besitzten, der dann selbst die Überprüfung auf doppelte Verwendung vornimmt. Damit der Käufer nicht mit jedem Anbieter Vereinbarungen treffen muß, beschaffen Broker dem Kunden Berechtigungsscheine für den gewünschten Anbieter. Um den Aufwand für die Verschlüsselung zu reduzieren, werden nur symmetrische Verfahren verwendet.

Kreditkarten-transaktionen im Internet

Die Zahlung per Kreditkarte hat sich bisher am meisten durchgesetzt. Die Übertragung der Kreditkarteninformation über sichere Protokolle wie das oben erwähnte SSL birgt allerdings eine Menge von Sicherheitslücken. Einerseits kann sich der Händler nicht sicher sein, ob die Karte gültig ist. Andererseits kann sich der Kunde nicht darauf verlassen, ob der Anbieter die Kreditkartendaten nicht zweckwidrig verwendet.

Secure Electronic Transactions (SET)

Aus diesem Grund haben sich Anfang 1996 Visa und Mastercard, die beiden größten Kreditkartengesellschaften, auf *SET* (Secure Electronic Transactions) geeinigt, ein Protokoll, mit dem die sichere Abrechnung von Kreditkarteninformation gewährleistet werden soll. Mit SET kann der Benutzer zum einen überprüfen, ob ein Web-Anbieter, beispielsweise ein Händler, autorisiert ist, Kreditkartentransaktionen vorzunehmen. Zum anderen ist er in der Lage, seine Daten sicher zum Anbieter zu übertragen. Letzterer wiederum kann on-line die Gültigkeit der übermittelten Information und die Authentizität des Kreditkarteninhabers überprüfen. Die derzeit angebotenen On-line Shoppingsysteme arbeiten meist mit den Payment-Lösungen von CyberCash oder VeryFone, die SET implementieren.

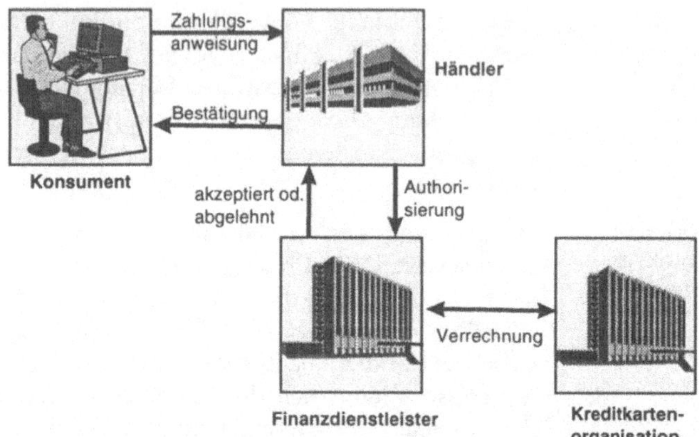

Abbildung 3-12:
Schema einer
Kreditkartenab-
rechnung im
WWW

Die Produkte von CyberCash gewährleisten neben anderen
Zahlungsverfahren die sichere Übertragung von Kreditkarteninformation. Wenn der Kunde am On-line-Shop eine Bestellung auslöst, hat er die Wahl, CyberCash als Zahlungsart
auszuwählen. Die CyberCash-Wallet des Kunden wird geöff-
net und ermöglicht ihm, eine Kreditkarte zur Bezahlung auszuwählen. Die Wallet ist kostenlos im Internet zu beziehen
und arbeitet mit allen gängigen WWW-Browsern. Die Kreditkartendaten werden von der Wallet am lokalen Rechner gespeichert, bei der Bestellung verschlüsselt und an den Händler geschickt. Das Cash Register, der Zahlungsserver des
Händlers, empfängt die verschlüsselten Kreditkartendaten,
kann diese aber nicht entschlüsseln. Cash Register fügt die ID
des Händlers zu den Kreditkartendaten und schickt sie weiter
an die Bank des Händlers, die die Daten prüft und die Trans-
aktion zuläßt oder ablehnt. In Zukunft soll CyberCash auch
verschiedenste andere Internet-Zahlungsmittel wie elektronisches Geld, elektronische Schecks oder Micropayments unter-
stützten. Die Produkte der Firma VeriFone bieten ein ähnli-
ches Leistungsspektrum. vWALLET stellt den Benutzerclient
dar. vPOS bietet die nötige Funktionalität für den Händler
(Übersicht über die täglichen Transaktionen, Verkaufsbe-

richte, Ausstellen von Rechnungen für den Kunden etc.) und kommuniziert über vGATE mit dem Finanzdienstleister.

3.3.3 Such- und Retrievalinstrumente

Das *Grundgerüst des unternehmensweiten WWW-Informationssystems* ist ein Netz von statischen Hyperdokumenten. Dieses bietet ausgehend von der Homepage Zugriff auf die statischen Teile des Systems ebenso wie auf die betrieblichen Anwendungen und Datenbanken. Über Hyperlinks kann der Benutzer schnell und einfach im System navigieren. Er muß dabei nie den WWW-Browser verlassen. Die Übersichtlichkeit und Benutzerfreundlichkeit stellt einen wichtigen Erfolgsfaktor für das System dar. Der Entwicklung des statischen Grundgerüstes muß daher besondere Aufmerksamkeit geschenkt werden [siehe Abschnitt 4.4]. Da Hyperlinks alleine für die Informationssuche in großen statischen Systemen oft nicht ausreichend sind, ist eine Suchmaschine wichtiger Bestandteil des WWW-Informationssystems.

Das WWW speichert keine Metadaten, das heißt, es besitzt keine Information über den Inhalt des Systems selbst, also über dessen Semantik. Daher besitzt das WWW auch keine systemimmanenten Suchmechanismen. Externe Suchmaschinen sind ein Versuch, diesen Nachteil zu umgehen. Sie sollen den Benutzer bei seiner Suche unterstützen. Schon relativ früh wurden Werkzeuge entwickelt, um den Benutzer bei seiner Suche nach relevanten Dokumenten im WWW zu helfen. Die ersten dieser Werkzeuge waren *WWW-Kataloge* wie die Virtual Library des W3C, die auf der Navigation in hierarchisch gegliederten Sachgebieten basieren. WWW-Kataloge sind inzwischen aber so umfangreich, daß die Navigation in diesen schwerfällig ist und Möglichkeiten zur schnellen Suche über Stichworte und mit erweiterten Suchmethoden wie booleschen Operatoren angeboten werden.

Roboter
Ein entscheidender Schritt zur Suche im WWW waren *Roboter*, auch Spiders, Wanderers oder Worms genannt. Roboter finden in Suchmaschinen (engl.: search engines) am Server Einsatz. Die Roboter arbeiten sich durchs Web wie durch

einen riesigen gerichteten Graphen, dessen Knoten die WWW-Dokumente und gerichtete Kanten die Hyperlinks darstellen. Sie führen eine lexikalische Analyse durch, extrahieren inhaltsrelevante Terme aus dem Dokument und legen sie in einer Datenbank ab, die über das WWW abgefragt werden kann (siehe Abbildung 3-13). Die Architektur solcher Systeme besteht also aus

- der Suchmaschine selbst, die das Web mit Hilfe einer Anzahl von parallel arbeitenden Agenten (heißen in diesem Zusammenhang „Roboter") traversiert,

- einer Datenbank, die einen Index der durchsuchten Seiten enthält und

- der Benutzerschnittstelle, über die man Anfragen an das System richten kann.

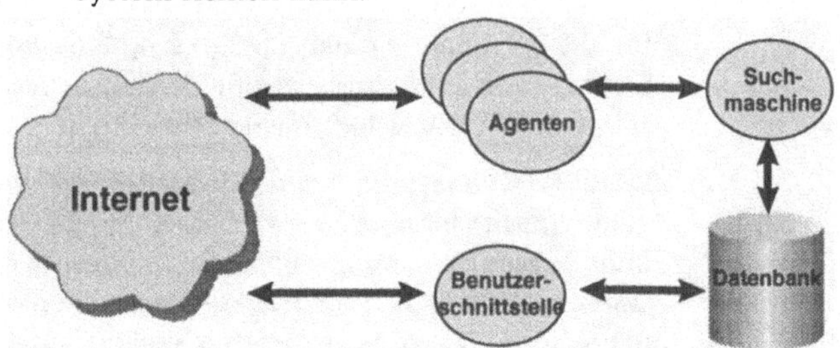

Abbildung 3-13: Architektur von Suchmaschinen im Internet [nach Cheo96, 86]

Diese Suchmaschinen bieten Methoden des Information Retrieval, darunter boolesche und Proximity-Operatoren, kontrollierte Felder oder Wortgewichtungen [vgl. Beka96, 102]. Der Suchserver präsentiert das Ergebnis in Form einer meist nach Relevanz sortierten Trefferliste. Die semantische Zusammengehörigkeit der WWW-Hypertexte, die in WWW-Katalogen wenigstens teilweise wiedergegeben wird, lassen roboterbasierte Suchdienste aber außer acht. Roboter sind wachsender Kritik ausgesetzt, die sich hauptsächlich auf den immensen Netzgebrauch und fehlende Strukturierung der Indexinformation bezieht. Die fehlende Sturkturierung ist darauf zurück zu führen, daß die angegebenen Relevanzgrade heutiger Suchserver rein statistischer Natur sind. Es fehlt eine semantische und hierarchische Betrachtung des Web. Diese ist jedoch nur schwer automatisch zu erzeugen.

ALIWEB

Wegen der Nachteile roboterbasierter Suchdienste entstanden einige alternative Konzepte automatischer Suche. *ALIWEB* (Archie Like Indexing the Web) basiert auf der Idee des Suchdienstes Archie. Informationsserver speichern Indexdaten des eigenen Bestandes lokal. Suchdienste holen sich in regelmäßigen Abständen die Indexdateien vieler Informationsserver und ermöglichen dadurch eine globale Suche. Die Indexdateien müssen im IAFA-Template-Format vorliegen, die sowohl manuell als auch automatisch generiert werden können. Die Hauptschwierigkeit liegt dabei in der mangelnden Bereitschaft von WWW-Autoren und Serveradministratoren, die Indexdateien zu erstellen und zu verwalten.

Harvest

Harvest ist ein verteiltes System, das die Internet Research Task Force on Resource Discovery (IRTF-RD) mit Unterstützung der Advanced Research Projects Agency (ARPA) entwickelt. Seine Architektur besteht aus vier Hauptkomponenten: Gatherer, Broker, Object-Cache und Replication-Manager. Der Gatherer sammelt Index-Information auf einem Informationsserver und generiert eine Datei bestimmten Formates (RDM-Format). Der Broker stellt die Benutzerschnittstelle dar und enthält eine Datenbank, die aus Gatherer-Dateien sowie Daten von anderen Brokern besteht. Um Netz und Server nicht zu überlasten, unterstützt der Replication Manager mehrere identische Kopien eines Brokers auf verschiedenen Servern. Der Object-Cache enthält lokale Kopien von populären Gatherer-Dateien, was den Zugriff beschleunigt. Das Hauptproblem liegt derzeit in der Größe und Komplexität des Systems.

Suchmaschinen für das Intranet

Von zahlreichen Herstellern werden diese Techniken auch für Intranets angeboten. Der Netscape Catalog Server bietet beispielsweise Volltextsuche für Intranet-Anwendungen. Er indiziert HTML-Dateien, Excel-Dateien und Textdokumente in den verschiedensten Formaten und verwendet dabei den RDM-Standard zur Kommunikation mit dem Gatherer. Der Catalog Server kann dadurch mit jedem Harvest-basierten

System zusammenarbeiten. Neuere Ansätze von Datenbankherstellern statten Datenbankmanagementsysteme mit TextRetrieval-Fähigkeiten aus. Durch die sogenannte ConText Option ermöglicht es der Datenbankhersteller Oracle verschiedenste Dokumente (ASCII, HTML, Word und WordPerfect für Windows) zusammen mit strukturierten Daten in einer Oracle7-Datenbank zu verwalten. Sämtliche betriebliche Datenbestände können dadurch im gleichen Repository gehalten und über SQL bearbeitet werden. Nachdem die Dokumente in einem ersten Schritt indiziert werden, ermöglicht ConText die Suche nach Stichwörtern, sowie die Erzeugung von Stichwortlisten und Zusammenfassungen des Textes. Der Befehl

```
SELECT angestellten_name FROM ang estellte
WHERE contains(lebenslauf, 'WWW') > 0;
```

ermöglicht beispielsweise die Abfrage der Namen aller Mita rbeiter aus der Tabelle „angestellte", in deren Lebenslauf (Textdokumente in der Spalte „lebenslauf") das Stichwort „WWW" enthalten ist. Der Einsatz von SQL als Abfragesprache ermöglicht eine problemlose Einbindung von Dokumentenmanagement-Funktionalität in herkömmliche Datenbankanwendungen. Texte wie auch strukturierte Daten befinden sich in einem gemeinsamen Repository und können über die gleichen Entwicklungswerkzeuge bearbeitet werden. Daneben bietet Oracle eine Reihe von Werkzeugen zur Integration des Oracle7-Datenbanksystems mit dem WWW. Mit PL/SQL, einer prozeduralen Erweiterung des SQL-Standards, stellt Oracle Bibliotheken zur Verfügung, um dynamische WWWAnwendungen zu entwickeln [siehe Abschnitt 4.5.3]. Für unternehmensweite WWW-Informationssysteme stellt die Suche in den HTML-Dokumenten einen unabdingbaren Basisdienst dar.

3.3.4   Benutzer- und Ressourcenverwaltung

Ein Sicherheitssystem besteht prinzipiell aus zwei Komponenten, der *Identifizierung des Benutzers* (Authentifikation) und *Zugriffskontrolle* (Autorisierung). Der Zugriff kann bei den meisten WWW-Servern über zwei unabhängige Methoden beschränkt werden. Bei *der Zugriffskontrolle auf Domänenebene* (engl.: domain-level access control) kann Gruppen von Benutzern auf Basis der Internet-Adresse Zugriff auf Komponenten des WWW-Informationssystems gewährt werden. Bei *der Benutzer-Authentifikation* (durch Basic Authentication) wird Zugriff abhängig vom Benutzernamen und Paßwort gewährleistet [vgl. Abschnitt 2.4.2]. Die Benutzer des WWW-Servers sind dabei unabhängig von den Benutzern des unterliegenden Betriebssystems. Die beiden Methoden können auch kombiniert werden.

Sichere Protokolle wie SSL, PCT oder S-HTTP bieten Server-Authentifizierung, verschlüsselte Datenübertragung und Datenintegrität [siehe Abschnitt 3.3.1]. Die meisten sicheren WWW-Server gewährleisten dem Benutzer, daß der „richtige" Server die Daten korrekt empfängt. Der Server hat aber derzeit noch keine verläßliche Information über den Client, da die meisten Implementierungen noch keine Zertifikate des Client-Rechners verlangen. Basic Authentication gemeinsam mit SSL führen aber zu relativ sicheren Lösungen und sind derzeit auch State-of-the-Art bei sicherheitskritischen Anwendungen. Mit der zunehmenden Verbreitung von privaten Zertifikaten wird auch die Client-Authentifizierung zunehmen. Sie hat den Vorteil, daß keine Paßwörter über das Netz geschickt werden und daß sich der Benutzer nicht mehr mehrere Paßwörter für die verschiedenen WWW-Server merken muß. Zudem vermindern sich die Administrationskosten, da keine eigenen Benutzerdatenbanken mehr geführt werden müssen. Nach der Authentifizierung ist aber noch das Problem der Autorisierung offen, das heißt, der Zuweisung von Rechten an die Benutzer.

Zugriffsrechte werden derzeit vom WWW-Server in Zugriffslisten (engl.: access control list) verwaltet. Zusätzlich zur Identifikation einzelner Benutzer können die Benutzer mehreren Gruppen zugeordnet werden. Den einzelnen Benutzern oder Gruppen kann dann Zugriff auf die Komponenten des WWW-Informationssystems gewährt werden. Grundsätzliches

Problem derzeitiger Zugriffskontrollmechanismen ist, daß sie für jeden Internet-Dienst getrennt definiert und verwaltet werden. Jeder WWW-Server, jede Datenbank und jeder News-Server hat eine eigene Zugriffsverwaltung. Ein konsistentes unternehmensweites Zugriffssystem ist somit kaum zu realisieren.

Unternehmensweite Sicherheitskonzepte

Das Ziel ist daher ein unternehmensweit einheitliches Sicherheitskonzept, in dem die Rechte aller Benutzer auf die Informationsressourcen festgelegt werden. Um dieses unternehmensweite Sicherheitskonzept realisieren zu können, ist eine zentrale Benutzer- und Ressourcenverwaltung nötig, in der die relevanten Daten aller Informationsressourcen und aller Benutzer gespeichert sind. Eine zentrale Benutzer- und Ressourcenverwaltung kann beispielsweise durch eine eigens dafür angelegte Benutzerdatenbank realisiert werden. Verzeichnisse (engl.: directory) eignen sich aber in besonderer Weise für die Verwaltung dieser Daten [vgl. auch NeNu97].

Einsatz von Verzeichnisdiensten

Das Verzeichnis ist ein physisch verteiltes, jedoch logisch zentrales System, das sowohl als Stand-alone-Anwendung verwendet als auch in andere Anwendungen integriert werden kann [vgl. Eich93, 51]. Es kann Information über Länder, Organisationen, Personen, Drucker, Server, Gateways, Modems, Dateien, Dienste, Anwendungen, Netzkonfiguration und vieles mehr in einer Attribut-Wert-Syntax verwalten. Eine wichtige Funktion von Verzeichnissen ist die eindeutige Identifikation von Benutzern. „In einem Verzeichnis werden die Namen der Ressourcen beziehungsweise Dienste in verständlicher Form zusammen mit ihrer genauen Adresse abgelegt" [siehe ÖsRi96, 42]. Dadurch kann eine Ressource mit einem symbolischen Namen angesprochen werden und ist somit ortstransparent. Von den Standardisierungsgremien ISO und CCITT wurde der Verzeichnisdienst 1988 zum ersten mal standardisiert. (ISO IS 9594 und CCITT X.500). X.500, DCE CDS oder DNS (Domain Name Service) stellen heute die verbreitetsten Verzeichniskonzepte dar.

Die logische Struktur eines X.500-Verzeichnisses, der *Directory Information Tree* (DIT), ist baumartig aufgebaut. Knoten auf den obersten Ebenen stellen Objektklassen wie Länder und Organisationen dar, während die Blattknoten des Baumes einzelne Personen, Geräte oder Anwendungen repräsentieren. Jeder dieser Objektklassen sind zwingende und optionale Attribute zugeordnet. Jeder Eintrag des DIT besitzt einen global eindeutigen Namen, der *Distinguished Name* (DN) genannt wird (RFC-1779) und sich aus sogenannten Relative Distinguished Names (RDN) zusammensetzt. Der RDN stellt einen Knoten im DIT dar, der DN beschreibt einen Pfad.

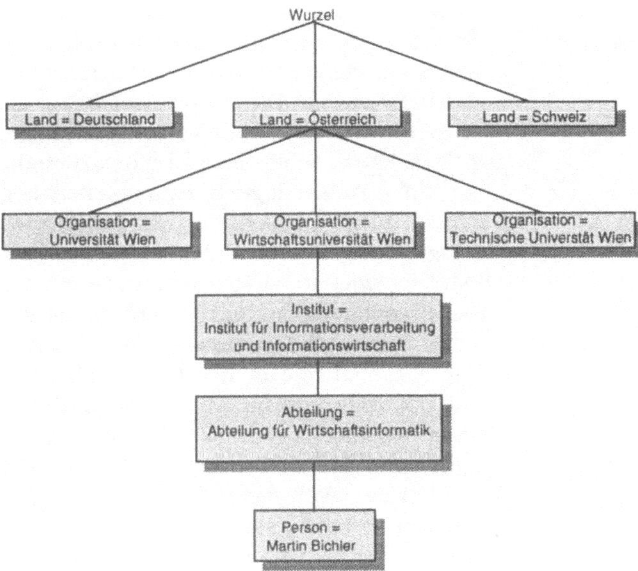

Abbildung 3-14: Beispiel für RDNs [nach Eich93, 68]

Abbildung 3-14 zeigt einen Directory Information Tree. Der Distinguished Name des Autors in diesem DIT ist:

Land = „Österreich",
Organisation = „Wirschaftsuniversität Wien"
Institut = „Institut für Informationsverarbeitung und Informationswirtschaft",
Abteilung = „Abteilung für Wirtschaftsinformatik",
Person = „Martin Bichler".

74

Wenn ein zweiter „Martin Bichler" an der Wirtschaftsuniversität Wien existiert, so unterscheidet sich sein DN trotzdem eindeutig von dem des Autors. Anwendungen, die die Zugriffskontrolle realisieren, holen die dafür nötige Information aus dem Verzeichnis. Man kann im Verzeichnis nach einzelnen Einträgen suchen (engl.: white pages), es nach bestimmten Kriterien durchsuchen (engl.: yellow pages) oder Gruppen von Mitgliedern definieren, um abzufragen, ob ein bestimmtes Objekt Mitglied einer Gruppe ist (engl.: group membership).

LDAP-Server

Hersteller wie Netscape oder Microsoft bieten bereits solche Verzeichnisdienste für das lokale Intranet an. Grundsätzliches Ziel des Netscape Directory Server ist es, ein herstellerunabhängiges, netzwerkweites Verzeichnis für Benutzernamen, E-Mail-Adressen, Schlüssel oder Kontaktinformation zu bieten. Das soll zu einer logisch zentralisierten Benutzerverwaltung führen, durch die Benutzer unternehmensweit gültig hinzugefügt oder gelöscht werden können. „Applications will also use directories to store and manage information, such as a user's configuration and preference settings, and access rights. Universally accessible directory services will come to play a central role in nearly all applications. ... Directories will not only contain information about people, but also about resources, such as meeting rooms and audiovisual equipment, and their respective attributes, such as capacity and services. With support for dynamic attributes, directories will also be used to store dynamic, regularly changing information, such as who is in a conference at a particular time. The impact of this is that administrators, applications, and end users can store and manage many different types of information from a single place and automate many time-consuming processes that previously couldn't be automated. For example, an administrator can simply record that an employee has changed departments, and the employee automatically will receive different department-specific information on the intranet, the employee's default meeting rooms and access rights will change, and so on" [siehe Andr96a]. Der

Netscape Directory Server unterstützt die X.500-Namenskonvention und verwendet eine Untermenge des X.500 Directory Access Protocol, das Lightweight Directory Access Protocol (LDAP) [vgl. auch Nets96a]. *LDAP* (RFC 1777) ist ein einfacher Mechanismus für Internet-Clients, um über TCP/IP Verzeichnisse abfragen zu können.

3.4 Anwendungsschicht

In der Anwendungsschicht des Vier-Schichtenmodells befindet sich die Geschäftslogik des Unternehmens. Sie enthält WWW-basierte On-line Shoppingsysteme, Management-Informationssysteme oder Workflow-Systeme. Diese Anwendungsschicht ist gleichsam das zentrale Element der Architektur. Der Benutzer erhält über ein Netz von Hyperlinks und statischen HTML-Dokumenten Zugriff auf die verschiedenen Komponenten des WWW-Informationssystems.

Die meisten derzeitigen WWW-Anwendungen sind CGI-basiert, das heißt der Zugriff auf diese Informationssysteme erfolgt über die CGI-Schnittstelle des Web-Servers [vgl. Abschnitt 2.4.1] beziehungsweise proprietäre Schnittstellen der verschiedenen WWW-Server. Dieser Ansatz unterliegt zahlreichen Beschränkungen wie der Zustandslosigkeit von HTTP oder dem schlechten Antwortzeitverhalten. Er ist daher nur für kleine Abfragesysteme geeignet. Viele der klassischen Client-Server-Anwendungen mit hohem Lastaufkommen, Berechnungen und Auswertungen können auf diesem Wege nicht realisiert werden. In diesem Kapitel werden daher neue Techniken untersucht, um betriebliche Anwendungen im WWW zu realisieren.

3.4.1 Probleme CGI-basierter WWW-Anwendungen

Eine Datenbankanwendung im WWW besteht derzeit aus drei Komponenten: Einem Web Browser, dem Web-Server mit einem CGI-Programm und einer Datenbank (siehe Abbildung 3-15). Die Datenbankabfrage wird vom WWW-Browser an den WWW-Server gesendet. Durch das Common Gateway Interface von Web-Servern können externe Programme (CGI beziehungsweise Gateway-Skripts) aufgerufen werden, um Benutzereingaben zu verarbeiten.

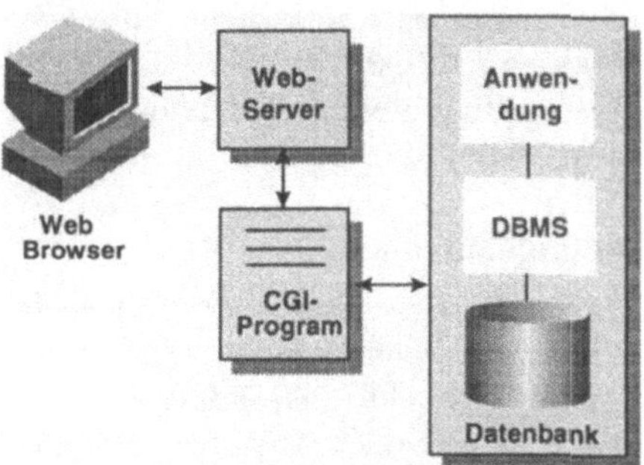

Abbildung 3-15:
CGI-basierte
Datenbankanbin-
dung

Für den Zugriff auf Datenbanken ruft der Web-Server ein Gateway-Programm auf, das die Eingaben des Benutzers in SQL-Befehle umwandelt und an die Datenbank schickt. Das Ergebnis wird vom CGI-Programm über den Web-Server an den Client zurückgesendet. Im WWW existiert bereits eine große Anzahl betrieblicher Sites, die als Produktkatalog, Supportdatenbank oder zur Dokumentenverwaltung eingesetzt werden. Neben selbsterstellten CGI-Skripts bieten zahlreiche Unternehmen kommerziell erhältliche WWW-Middleware an, um die Anbindung operativer Systeme an das WWW zu erleichtern. Das Spektrum reicht dabei von den proprietären WWW-Baukästen der großen Datenbankhersteller wie Informix, Oracle oder Sybase, dem Internet Database Connector (IDC) von Microsoft bis zum WebObjects-Framework, einer Web-Entwicklungsumgebung von NeXT [vgl. auch WeOb96]. Im praktischen Einsatz ergeben sich bei CGI-basierten WWW-Anwendungen aber eine Reihe konzeptioneller Probleme [vgl. Bichl96, 45]:

Eine der Hauptschwierigkeiten sind die *Zustände* (engl.: states). Zustandslose HTTP-Server reagieren auf jede Anfrage gleich, unabhängig von den vorhergehenden Aktionen. Das reichte völlig aus, um gemeinsame Dokumente für mehrere Benutzer zugreifbar zu machen oder einfache Datenbankabfragen auszuführen, nicht aber für Session-orientierte Datenbankanwendungen, bei denen Effizienz und Transaktionsfunktionen im Mittelpunkt stehen. Komplexe Translation-Server, die HTTP in ein Protokoll mit Zuständen (zum Beispiel VT-100 oder IBMs 3270) übersetzen, können das Problem nur mangelhaft lösen.

Die Kommunikation zwischen Datenbank und WWW-Clients muß immer über den Web-Server erfolgen, der die Anfragen decodiert und die Ergebnisse in HTML codiert. Vor allem bei einer großen Anzahl von Benutzern, die gleichzeitig zugreifen, entsteht eine *enorme Arbeitslast* am WWW-Server, der sich bald als Flaschenhals herausstellt.

Datenbankzugriffe über CGI unterstützen *keine Transaktionen* und sind langsam. Jede Abfrage wird über die CGI-Schnittstelle im Stapelbetrieb an die Datenbank übergeben. Dabei muß der Benutzer jedesmal bei der Datenbank an- und wieder abgemeldet werden. Führt ein Benutzer mehrere Aktionen hintereinander aus, so dauert das unverhältnismäßig lange.

Einer der Hauptvorteile des Client-Server-Computing ist die *Lastverteilung*, die dadurch entsteht, daß alle benutzerspezifischen Funktionen, wie die graphische Präsentation von Abfragen, am Client erstellt werden. Im Web kann der Client keine Funktionen ausführen. Graphische Darstellungen müssen in einem Graphik-Format vom WWW-Server erzeugt werden, was sehr viel Zeit und Rechenkapazität am Server kostet. WWW-Anwendungen sind bei der GUI-Gestaltung zusätzlich den Beschränkungen von HTML unterworfen. Um dem WWW-Client daneben die Möglichkeiten großer Client-Server-Systeme zur Verfügung zu stellen, müssen zahlreiche CGI-Skripts am Server erstellt und verwaltet werden.

Der CGI-basierte Ansatz ist bereits sehr weit verbreitet, hat aber, wie gezeigt, eine Reihe von Schwächen. Besonders die „Zustandsproblematik" führt zu zahlreichen Schwierigkeiten im kommerziellen Umfeld. Jeder Text und jede Graphik wird durch einen unabhängigen Request vom Server geholt. Die Realisierung von virtuellen Einkaufskörben ist beispielsweise nur möglich, wenn sich die Anwendung den Zustand der letzten HTTP-Requests „merkt".

Lösung der Zustandsproblematik

Zahlreiche Prototypen haben versucht, dieses Problem zu umgehen. Die Kombination von konventionellen WWW-Techniken und *Linda* ist ein gutes Beispiel für einen solchen Versuch. Linda ist eine Koordinationssprache, die die Zusammenarbeit mehrerer Prozesse regelt. Prozesse kommunizieren dabei über einen Tuplespace, über den Daten ausgetauscht werden. Hier wird auch der Zustand einer Anwendung gespeichert. Services auf verschiedenen Rechnern und in verschieden Programmiersprachen können auf diesen Tuplespace zugreifen und bei der Ausführung in Anspruch genommen werden [vgl. Schö95, 267].

Relativ oft stellt sich auch das Problem, Altsysteme ohne API (engl. Application Programming Interface) mit dem WWW zu verknüpfen. Zugriff auf diese Systeme erfolgt meist über zeichenbasierte Terminal-Verbindungen (telnet, 3270). Hier müssen sehr mächtige Gateway-Programme entwickelt werden. Diese als *Translation-Server* [vgl. auch Perr95a, Perr95b] oder Parasite-Gateways [vgl. BaHa95, 277] bezeichneten Servererweiterungen verhalten sich wie ein viruteller Benutzer. Sie übersetzen HTTP-Anfragen in Tastatureingaben, die der Terminalemulation gesendet werden. Wenn die Altanwendung reagiert, muß dieser Output analysiert und in HTML umgesetzt werden. Dabei wird das zustandslose HTTP-Protokoll in ein Protokoll mit Zuständen übersetzt und umgekehrt.

SAP Internet Transaction Server

Auch SAP verwendet WWW-Servererweiterungen, um die Funktionalität von R/3 ins WWW zu bringen. Kernstück ist der R/3 Internet Transaction Server, der zwischen dem WWW-Server und dem R/3-System gelagert ist. Durch ihn werden sichere Transaktionen über das Internet ausgeführt. Der Transaction Server beinhaltet die eigentlichen Internet-Anwendungen, die R/3 Internet Application Components. Sie greifen über die Business API (BAPI) Schnittstellen auf die Funktionalität von R/3 zu. Daneben kann man vom WWW-Server auch direkt auf die BAPIs beziehungsweise auf die R/3-Anwendungen zugreifen, wenn keine entsprechenden

Internet Application Components vorhanden sind. Der WWW-Server setzt die Daten der Internet Applikationen in HTML um.

Abbildung 3-16: Integration von SAP-R/3 in das WWW [nach ÖsRi96, 118]

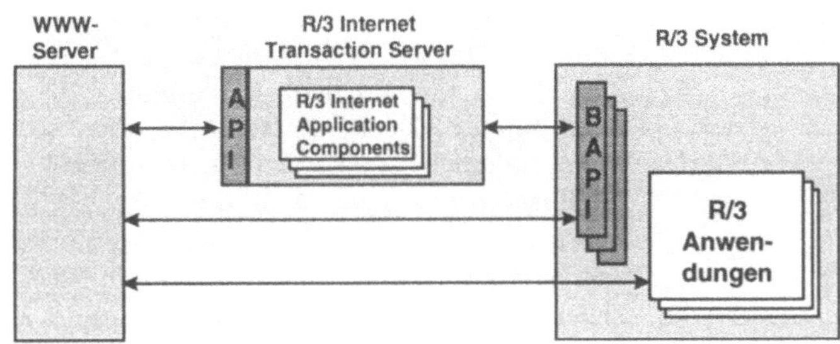

Cookies

Neben zahlreichen kommerziellen Ansätzen, die die Zustandsinformation am Web-Server speichern, haben sich „*Cookies*" von Netscape am stärksten durchgesetzt. Ein Cookie stellt Daten dar, die der Web-Server über ein Gateway-Skript am Web-Browser speichern kann und danach wieder vom Browser lesen kann. Dadurch kann sich der Browser spezielle Information längere Zeit „merken". Bei einem Einkauf in einem virtuellen Kaufhaus werden die gekauften Produkte in der Cookie-Datei des Browsers gespeichert, um sie abschließend gemeinsam zu verrechnen. Um ein Cookie am Browser zu erstellen, sendet der Web-Server auf die Anfrage eines Browsers hin einen „Set-Cookie" HTTP-Header mit folgender Syntax:

```
Set-Cookie: NAME=WERT; expires=DATUM; path=PFAD;
domain=DOMAIN_NAME; secure
```

NAME und WERT bezeichnen das Cookie und sind die einzigen Daten, die im Cookie enthalten sein mussen. DATUM beinhaltet das Datum, wenn das Cookie vom Browser vergessen wird. PATH spezifiziert die URLs für die das Cookie gültig ist, DOMAIN_NAME beschreibt den Rechner oder den Domain, für den das Cookie gültig ist und durch den Parameter „secure" wird das Cookie nur über sichere SSL-Verbindungen übertragen. Cookies sind die am weitesten verbreitete Technik, um Transaktionen im Web zu realisieren.

3.4.2   Einsatz von Mobile-Code-Systemen

CGI-basierte Web-Applikationen haben große Ähnlichkeit zu klassischen Mainframes und daran angehängten 3270-Terminals, die rein zur Darstellung der Daten dienen, selbst aber keine Funktionen ausführen. Mobile-Code-Systeme wie Suns Java geben die Möglichkeit, Funktionalität der Anwendung auch auf die Client-Seite zu verlagern. Der Server wird dadurch deutlich entlastet. Java ermöglicht die Entwicklung plattformunabhängiger Anwendungen, die noch dazu dynamisch vom WWW-Server geladen werden können [siehe Abschnitt 3.2.1]. Diese Merkmale können auch für betriebliche Datenbank-Anwendungen genutzt werden.

Packages zusammengehöriger Klassen schaffen eine technische Grundbedingung für die Entwicklung unabhängiger Bibliotheken. Das AWT (Abstract Windowing Toolkit), eines der im Lieferumfang enthaltenen Packages, stellt Klassen zum Aufbau plattformunabhängiger graphischer Benutzeroberflächen zur Verfügung. Die Präsentation der Daten muß somit nicht mehr am Server erstellt werden. Neue Klassen können dynamisch zur Laufzeit aus dem Netz nachgeladen werden, wobei der geladene Code automatisch vom Java-System auf Viren geprüft wird [vgl. auch Stein96].

Java für Client-Server-Anwendungen

Das größte Potential wird Java bei der Entwicklung von Client-Server-Anwendungen zugeschrieben. Eine Java-Applikaton kann ohne den Umweg über den HTTP-Server eigene Netzwerkverbindungen direkt zum Datenbankserver eröffnen, wobei der Engpaß CGI umgangen wird [vgl. Duan96, 3]. Das bringt auch die Möglichkeit zu verbindungsorientierter Kommunikation. Im CGI-basierten Ansatz bricht die Verbindung nach jeder Abfrage ab. Ein Java-Applet kann die Verbindung zum Datenbank-Server so lange offen halten, bis der Benutzer die Session abbricht. Das ermöglicht komplexe Datenbank-Transaktionen. Auch die Zugriffskontrolle kann direkt dem Datenbank-Server überlassen werden. Weiters bietet das Java AWT eine Menge graphischer Funktionen für die Darstellung der Daten am Client.

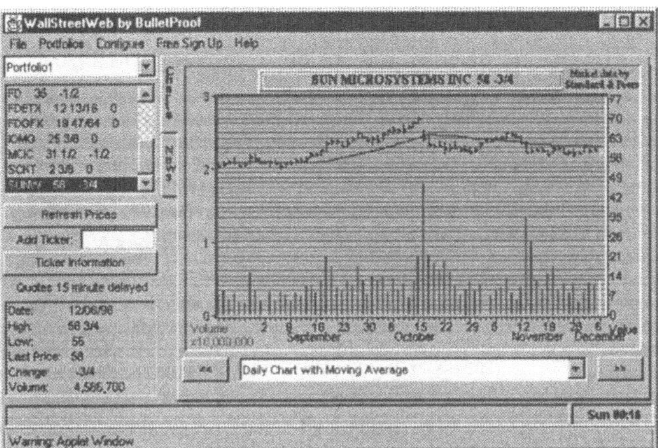

Abbildung 3-17:
Beispiel einer
Java-Datenbank-
anwendung

Abbildung 3-17 zeigt ein Beispiel für ein Java-Applet, das auf eine Börsendatenbank zugreift. Mit dem Applet lassen sich aktuelle Kurse einzelner Aktien oder ganze Aktienportfolios und Börseninformation anzeigen.

JDBC

Zum Zugriff auf Datenbanken mußte man bisher die API-Bibliotheken des jeweiligen Datenbankherstellers in Java-Klassen kapseln. *JDBC* (Java Database Connectivity) stellt, ähnlich ODBC, ein Java-API zur Anbindung von Java-Applets und -Applikationen an Datenbanken dar, an dem alle namhaften Datenbankhersteller mitarbeiten. Das JDBC-API definiert Java-Klassen für Datenbankverbindungen, SQL-Befehle etc. Es erlaubt dem Programmierer, SQL-Befehle abzusetzen und die Ergebnisse zu bearbeiten. Dadurch wird DBMS-unabhängige Java-Anwendungsentwicklung möglich. Für die Anbindung von Java an objektorientierte Datenbanken arbeitet die ODMG, eine Unterorganisation der OMG, an einem Standard.

Es gibt zwei typische Szenarien für die Verwendung von Java bei Datenbankanwendungen. Der am stärksten diskutierte Ansatz ist die Implementierung von Applets, die als Teil eines Web-Dokuments über das Internet geladen werden können.

Ein Benutzer kann sich so beispielsweise ein Applet auf seinen Rechner laden, das Wertpapiercharts anzeigt und dabei über das Internet auf eine Datenbank zugreift. Solche Applets unterliegen einer Reihe von Beschränkungen. Sie dürfen insbesondere auf keine lokalen Dateien zugreifen und durch die Sicherheitsbeschränkungen der meisten Browser keine Netzwerkverbindungen zu beliebigen Hosts aufmachen. Daneben entstehen auch Antwortzeit-Probleme, wenn man auf weit entfernte Datenbanken zugreift. Mit Java können aber auch ganz normale Applikationen entwickelt werden, die am Client installiert sind und von dort auf Datenbanken im Internet, vor allem aber im firmeneingenen LAN beziehungsweise Intranet zugreifen. Solche Java-Applikationen können auf Dateien zugreifen und Netzwerkverbindungen eröffnen. Es gibt bereits zahlreiche Produkte zur Erstellung von Datenbank-Clients in Java.

Abbildung 3-18:
Datenbankzugriff
durch Java-
Applikation über
JDBC

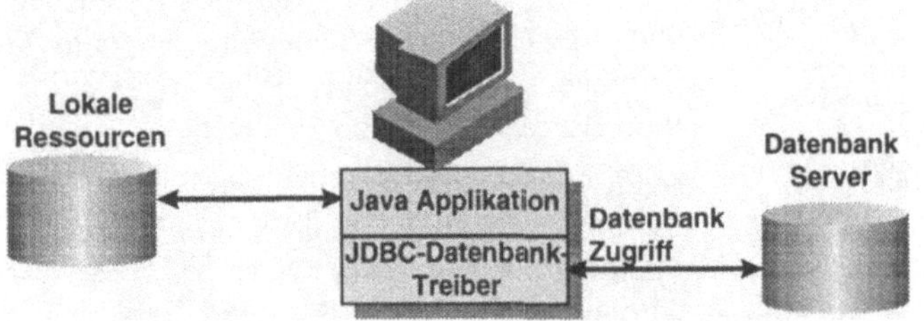

Eine Alternative dazu sind dreistufige Architekturen (engl.: three-tier architectures). Java-Applikationen stellen Anfragen an einen Gateway-Server beziehungsweise Dienstmittler im Netz, der wiederum auf die Datenbank zugreift. Diese Dienstmittler können in C, C++ oder Java implementiert sein. Vor allem bei Java-Applets benötigt man eine dreistufige Architektur, um einige der Sicherheitsbeschränkungen von Browsern zu umgehen und Verbindungen zu mehreren Datenbankservern herstellen zu können. Es werden also Gateways implementiert, über die die Anfragen des Clients geroutet werden. Dies stellt schon einen ersten Ansatz der oben erwähnten 3-Schichten-Architektur dar (siehe Abbildung 3-19).

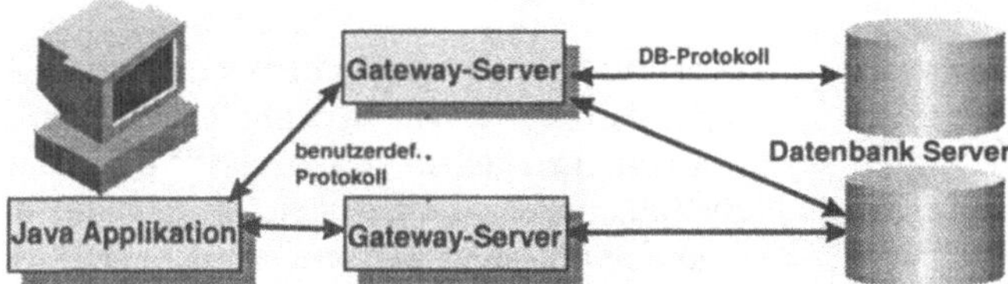

Abbildung 3-19:
3-Stufen-Archi-
tektur mit Java-
Anwendung

Speziell wenn die Anwendung mehr machen soll, als eine reine Benutzerschnittstelle für die Datenbank, kommt dem Gateway eine größere Bedeutung zu. Die Funktionalität bisheriger „fat clients" wird dabei auf zwei Schichten aufgeteilt. Unternehmenslogik, Zugriffsberechtigungen sowie Kalkulationen befinden sich auf dem Gateway-Server. Der Client ist nur mehr für die Benutzerschnittstelle zuständig, sein Umfang kann daher drastisch verringert werden. Das Verteilen der Clients wird dadurch wesentlich einfacher. „Diese Rezentralisierung hat den Vorteil einer einfacheren Verteilung und Wartung, ermöglicht jedoch im Gegensatz zur Terminal/Host-Architektur die Nutzung lokaler Ressourcen des Client-Rechners" [siehe ÖsRi96, 152]. Aber auch die Entwicklung beziehungsweise Anpassung der Software wird erleichtert. Die Änderung der Anwendungslogik erfordert nicht gleichzeitig die Überarbeitung des gesamten GUI-Codes [vgl. Scot96, 54 f.]. Neue Schnittstellentechniken können eingeführt werden, ohne die Logik des Programmes zu beeinflussen. Viele Praxisprojekte beschäftigen sich derzeit damit, bestehende Client-Server-Anwendungen um eine WWW-Schnittstelle zu erweitern, um deren Funktionalität auch im Internet verfügbar zu machen. Für die als Benutzerschnittstelle verwendeten WWW-Clients soll die Funktionalität vorhandener WWW-Standardbrowser ausreichen [vgl. DoKa96, 3]. Die Funktionalität bisheriger Clients geht zum großen Teil in den Gateway-Server ein.

3.4.3   WWW und objektorientierte Middleware

Die Verwendung dreistufiger Java-Anwendungen im WWW bietet zahlreiche Verbesserungen gegenüber einfachen CGI-

Skripten. Der Zugriff auf Datenbanken kann dadurch wesentlich effizienter durchgeführt werden als mit CGI-Skripts. Jedoch wird die Erstellung von Client-Server-Anwendungen in Java nur mangelhaft unterstützt. In den mitgelieferten Klassenbibliotheken finden sich Sockets für die Netzwerkprogrammierung und Klassen zum Zugriff auf WWW-Server. Sockets stellen jedoch eine zu wenig abstrakte Art der Kommunikation dar, die für komplexe, verteilte Anwendungen nicht ausreicht. Zudem ist man an die Verwendung einer einzigen Programmiersprache gebunden. Die meisten derzeit eingesetzten WWW-Anwendungen sind daher immer noch kleine Datenbankanwendungen. Große, verteilte Anwendungen, bei denen Module in unterschiedlichen Programmiersprachen zusammenarbeiten, können damit noch nicht realisiert werden.

Java und Middleware

Daher gibt es eine Reihe von Bemühungen, Java und bestehende Middlewareansätze zu verknüpfen. Das Distributed Computing Environment (DCE) ist eine Entwicklung der Open Software Foundation (OSF) und stellt eine Sammlung betriebssystemnaher Middlewaredienste dar. DCE konnte sich aber bisher durch die große Komplexität und die einseitige Ausrichtung auf die UNIX-Welt kaum durchsetzten [vgl. Ös-Ri96, 88 f.]. Das Distributed Component Object Model (DCOM) von Microsoft und CORBA, ein Standard des Herstellergremiums OMG stellen die derzeit vielversprechendsten Middleware-Ansätze dar.

DCOM

Hinter DCOM steht der Versuch von Microsoft, verteilte Objekte zu realisieren. Das Component Object Model (COM) bietet Mechanismen für die Kommunikation zwischen lokalen OLE-Komponenten auf Microsoft-Plattformen und bietet eine Reihe von Diensten zu deren Zusammenarbeit. COM erlaubt aber derzeit noch keine Vererbung von Klassen, ist also nicht objektorientiert sondern objektbasiert. OLE (Object Linking and Embedding) basiert auf COM. Es ermöglicht Verbunddokumente, die sich aus Teilen zusammensetzen, die von verschiedenen Programmen zur Verfügung gestellt werden.

In einem sogenannten Textverarbeitungsbehälter kann zum Beispiel ein Tabellenkalkulationsdokument eingebettet sein, das auch mit dem entsprechenden Tabellenkalkulationsprogramm bearbeitet werden kann [vgl. Hans96c, 895 f.]. 1994 wurde von Microsoft OCX eingeführt. Darunter versteht man vorgefertigte Komponenten (engl.: custom controls) mit definierten Schnittstellen. ActiveX Controls sind ähnlich OCX Softwarekomponenten die auf COM basieren und über das Internet geladen werden können. DCOM stellt die netzwerkfähige Variante von COM dar und soll es in Zukunft ermöglichen, daß ActiveX Komponenten über das Netzwerk zusammenarbeiten können. DCOM soll auch auf das Apple-Betriebssystem Mac-OS und UNIX portiert werden.

Object Management Architecture

Einige vielversprechende Ansätze entstehen derzeit durch die Verschmelzung des WWW mit CORBA. Dadurch läßt sich nicht nur eine transparente Verteilung von Java-Objekten über das Netz bewerkstelligen, sondern auch der Zugriff auf beliebige andere CORBA-Objekte, unabhängig davon, in welcher Programmiersprache diese vorliegen. Im folgenden soll das Prinzip von CORBA kurz beschrieben werden.

Die Object Management Group (OMG) wurde im Jahr 1989 gegründet. Ziel dieses herstellerunabhängigen Konsortiums ist die Bereitstellung einer geeigneten Infrastruktur für verteilte objektorientierte Programme auf heterogenen Netzwerken. Um die Standardisierung in geordnete Bahnen zu lenken, hat die OMG eine Referenzarchitektur OMA (Object Management Architecture) definiert. OMA besteht aus zwei Teilen: Systemorientierten Komponenten (Object Request Broker und Object Services) und anwendungsorientierten Komponenten (Anwendungsobjekte und Common Facilities).

CORBA

Zentraler Bestandteil der Architektur ist der *Object Request Broker* [vgl. OrHa96, 54]. Das Ergebnis der Standardisierung heißt *CORBA* (Common Object Request Broker Architecture). Die primäre Aufgabe eines ORB besteht in der Übermittlung von Methodenaufrufen von einer Client-Anwendung zu einem entfernten Objekt sowie in der Rückmeldung von Fehlern und Ergebnissen. Er stellt also eine Art Bus-System zwischen Objekten in einer heterogenen Umgebung dar. Der CORBA-Standard, der 1991 zum erstenmal von der OMG veröffentlicht wurde, wird auf allen wichtigen Plattformen unterstützt.

Der Zugriff auf entfernte Objekte soll unabhängig von der Programmiersprache erfolgen. Das erfordert ein gemeinsames Objektmodell. Jedes CORBA-Objekt ist Instanz eines sogenannten Interface-Typs. Ein Interface-Typ repräsentiert eine Klasse mit möglicherweise mehreren Elternklassen. Unterstützung findet dabei Schnittstellenvererbung, nicht jedoch Implementierungsvererbung. Um Interoperabilität zwischen CORBA-Objekten zu gewährleisten, existert eine eigene Schnittstellenbeschreibungssprache namens *IDL* (Interface Definition Language). Diese enthält ausschließlich Elemente zur Datenbeschreibung aber keinerlei Anweisungskonstrukte. Die Syntax ist an C++ angelehnt. Jeder Entwickler, der im Netz ein CORBA-Objekt zur Verfügung stellen möchte, gibt dieses mittels einer IDL-Datei bekannt. Wer das CORBA-Objekt benutzen möchte, verwendet sogenannte IDL-Compiler. Diese liegen jeder CORBA-Implementierung bei und dienen zur Abbildung von IDL-Definitionen auf Code-Sequenzen einer gegebenen Programmiersprache. Aus der IDL-Schnittstellenspezifikation generiert ein Compiler die Stubs, die auf Seiten des Servers Skeleton genannt werden. Die Serverobjekte werden im Object Adapter verwaltet. Die generierten Code-Sequenzen bindet der Benutzer in sein eigenes Programm und kann dadurch transparent auf entfernte CORBA-Objekte zugreifen. Jedes CORBA-Objekt ist dabei durch eine eindeutige und typlose Objektreferenz bestimmt. Die OMG standardisierte bereits IDL-Mappings für verschiedene Programmiersprachen wie C++, Ada oder Smalltalk.

Der IDL-Compiler erzeugt Stellvertreterobjekte (Proxis) in der verwendeten Programmiersprache. Diese übernehmen auf dem lokalen Rechner die Rolle der entfernten CORBA-Objekte. Wird eine Proxy-Methode aufgerufen, verpackt das Proxy die übergebenen Argumente und sorgt für die Übermittlung des Aufrufs an das eigentliche CORBA-Objekt, sowie die Übergabe von Ergebnissen an das aufrufende Objekt. Die dazu notwendigen Aktivitäten wie zum Beispiel das Konvertieren und Verpacken von Daten bleiben dem Benutzer verborgen. Der Zugriff auf CORBA-Objekte kann demzufolge genauso erfolgen wie der Zugriff auf lokale Objekte.

Abbildung 3-20: Struktur eines CORBA-2.0-ORB

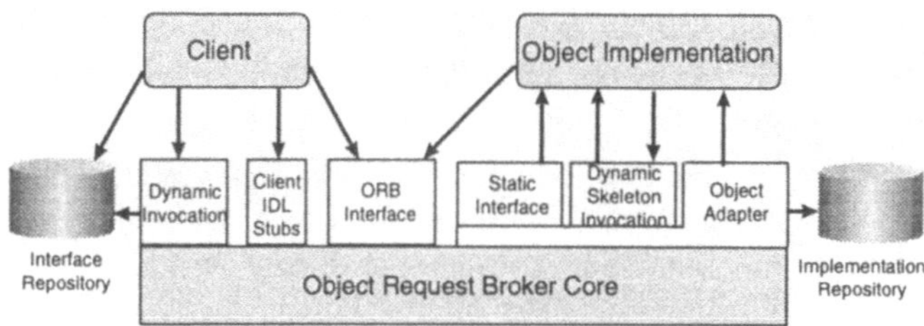

Ein CORBA-konformer Broker ist entweder als Hintergrundprozeß implementiert, der permanent auf eingehende Aufträge wartet oder als Menge dynamisch ladbarer Klassen. Der Object Adapter ist dabei zuständig für die Kommunikation zwischen dem ORB-Kern und der Implementierung eines Objektes. Zusätzlich zum statischen Zugriff auf CORBA-Objekte ist auch ein dynamisches Konstruieren und Versenden von Aufrufen möglich. Dabei sendet ein Client über das Dynamic Invocation Interface eine Anfrage an den ORB, der den Server ermittelt und die in der Anfrage spezifizierten Parameter an diesen weiterreicht.

CORBA-Services, Common Facilities

Neben den CORBA-Objekten greift der Programmierer auf weitere Funktionalität zu. Das sind vor allem die *CORBA-Services* wie der Naming Service, um Objekte anhand eines Namens zu lokalisieren. CORBA-Services bieten beispielsweise wichtige Dienste zur physikalischen Speicherung und zur logischen Modellierung von Objekten. Hierfür stellen die verfügbaren CORBA-Lösungen spezielle Klassen bereit. *Common Facilities* sind eine Sammlung von Diensten, die von vielen Anwendungen verwendet werden, aber nicht so fundamental sind wie die CORBA-Services. Auf dieser Ebene ist OpenDoc anzusiedeln. OpenDoc ist ebenfalls eine Technik, um Verbunddokumente zu erstellen und steht in Konku renz zu Microsofts OLE. OpenDoc-Editoren können beispielsweise im Netzwerk miteinander kommunizieren und Daten tauschen. Die *Application Objects* stellen schließlich die Anwendungen selbst dar. Diese wurden bisher nicht standardisiert. Die OMG arbeitet aber bereits an „common business objects" und „business object facilities". Ein Request for Proposals (RFP) legt die Grundlage für fertige Anwendungskomponenten auf Basis der CORBA-Architektur [vgl. Sims96, 16].

CORBA-basierte
mobile Agenten

Mit CORBA versucht man, ein globales, verteiltes Objektsystem zu schaffen, in dem physische Ressourcen transparent sind und Objekte durch die Dienste eines ORBs logisch kommunizieren. Das ist auch eine gute Voraussetzung für die in Abschnitt 3.2.2 erwähnten mobilen Agenten. Verteilte Objekte liegen stationär auf einem Rechner und kommunizieren synchron über den Austausch von Nachrichten. Aktive Objekte beziehungsweise mobile Agenten wandern zu anderen Rechnern, interagieren mit den dortigen Objekten und schikken dann die Ergebnisse zurück. Ziel einer Reihe von Forschungsprojekten ist es daher, Systeme kooperierender intelligenter Agenten auf Basis von CORBA-Objekten zu realisieren [vgl. Kirn96, 18 ff.]. Auch zu den Plänen der OMG gehört eine Agenting Infrastructure als Bestandteil der Task Management Common Facility [vgl. OrHa96, 255 f.].

Ein interessanter Ansatz für die Integration von Altsystemen ist es, die Schnittstellen dieser Informationssysteme (beispielsweise relationaler Datenbanken) in CORBA-Objekten zu „verpacken" (engl.: wrapper classes). Dadurch ist Interoperabilität über die objektorientierte Schnittstelle gewährleistet. Somit bleiben die Investitionen in bisherige IT-Infrastruktur gewahrt [vgl. Keri96, 25]. Das Informationssystem kann erweitert werden, ohne auch gleich die Altsysteme neu zu implementieren. Das setzt jedoch eine fundierte Kenntnis der Wirkungsweise des Altsystems voraus [vgl. ÖsRi96, 95].

IIOP

Im CORBA-1.2-Standard war die Kombination verschiedener CORBA-Implementierungen noch nicht geregelt. Der Ende 1994 verabschiedete CORBA-2.0-Standard regelt über GIOP

(General Inter-ORB Protocol) wie mehrere ORBs auf Basis vorhandener Kommunikationsprotokolle miteinander zusammenarbeiten. Zwei Broker, die über TCP/IP Information austauschen, müssen dazu beispielsweise das standardisierte IIOP (Internet Inter-ORB Protocol) benutzen.

CORBA in Verbindung mit Java

Bei der Standard-Implementation von Java kann zwar Code dynamisch über das Netz geladen werden, alle Objekte der Anwendung befinden sich aber am lokalen Host. Mit einer Anbindung an CORBA sollen Java-Applets über standardisierte Protokolle mit CORBA-kompatiblen Servern weltweit kommunizieren können. Java und CORBA stellen quasi komplementäre Zielsetzungen dar.

- Java bietet Plattformunabhängigkeit, CORBA bietet Ortstransparenz.

- CORBA wie auch DCE wurden entworfen, um die Grenzen zwischen Programmiersprachen zu überwinden. Java beinhaltet derzeit nur eine C-Schnittstelle.

- CORBAs Persistent Object Service (POS) bietet Schnittstellen zu Datenbankstandards wie X/Opens CLI, Microsofts ODBC und ODMG-93. Eine CORBA-Anwendung sollte mit POS alle wichtigen Datenbanken ansprechen können. Datenbankzugriff ist noch nicht im Java-Standard enthalten [vgl. WeJo96, 10].

- Sowohl Java als auch CORBA bieten Internet-Funktionalität. CORBAs Internet Inter-ORB Protocol ist ein sessionorientiertes Protokoll zur Kommunikation zwischen Object Request Brokern im Internet.

- CORBA-Java-Produkte gibt es bereits von mehreren Herstellern. Neuere Produkte unterstützen CORBA 2.0, IIOP sowie Remote Callbacks. Bei Remote Callbacks handelt es sich um die Fähigkeit von CORBA-Objekten, Client-Objekte asynchron über Ereignisse zu informieren. Dadurch entfällt die Notwendigkeit der ständigen Abfrage, ob sich etwas am Server geändert hat.

Gerade die letztgenannten Ansätze des W3C und der OMG versuchen, das WWW und fortgeschrittene objektorientierte

Techniken zu verknüpfen, um daraus modulare, verteilte Systeme zu erstellen [vgl. auch W3C96b]. Das WWW bietet Methoden für den Zugriff auf unstrukturierte Information, CORBA ermöglicht den Zugriff auf strukturierte Daten. HTTP unterstützt nur eine beschränkte Menge von Methoden (GET, HEAD, POST ...) zum Austausch von Daten. Für jeden dieser Requests wird eine neue TCP-Verbindung eröffnet. Mit GIOP können in einer Verbindung mehrere Requests bearbeitet werden und sich dabei gegenseitig überlagern. Das Protokoll nutzt also die vorhandenen Netzwerkressourcen wesentlich besser aus als HTTP. In einem Projekt der ANSA versucht man HTTP über IIOP zu transportieren. HTTP wird dabei auf Gateway-Rechnern in IIOP übersetzt. In Zukunft sollen HTTP-Clients wie auch IIOP-Clients auf die selben Dienste zugreifen können [vgl. ReEd96, 86].

Große Anbieter wie Netscape bauen das IIOP-Protokoll als Alternative zu HTTP in ihre Entwicklungsumgebungen ein. Andreessen, einer der Gründer von Netscape Communications, meint dazu „The next shift catalyzed by the Web will be the adoption of enterprise systems based on distributed objects and IIOP (Internet Inter-ORB Protocol). In a full-service intranet different operating systems need to talk to each other, Java needs to talk to C code on the back-end system, and different applications need to communicate using open standards. IIOP is a standard for facilitating communication between objects, as defined by the Object Management Group. We expect that over the next few years IIOP will become as ubiquitous as HTTP and CGI. ... Just as Web technology has helped companies simplify and centralize the distribution of information, distributed objects will help them simplify and centralize their enterprise applications" [siehe Andr96b]. Abbildung 3-21 zeigt ein Szenario der verwendeten Protokolle in zukünftigen betrieblichen Anwendungen.

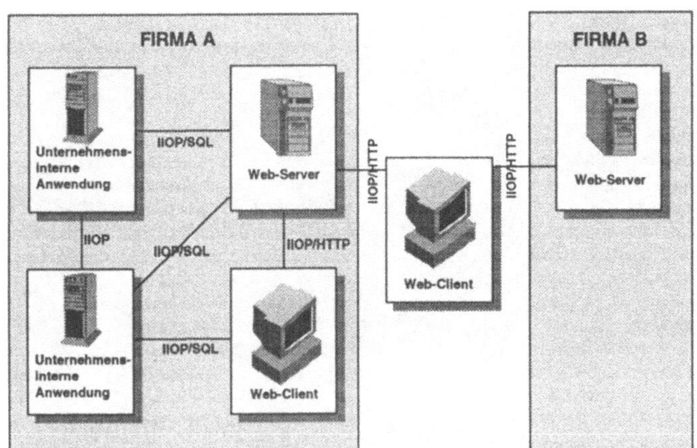

Abbildung 3-21: Protokolle in zukünftigen verteilten betrieblichen Anwendungen

SAP BAPIs

Auch die Hersteller der großen betrieblichen Standardsoftware wie SAP setzten auf die Kombination aus WWW und verteilten Objekten, um ihre Software modularer und offener zu machen. Das SAP Business Object Repository enthält Anwendungsobjekte (engl.: business objects), die die Daten, Ereignisse und Abläufe von SAP R/3 darstellen. Sie sind DCOM- und CORBA-kompatibel und stellen Anwendungsobjekte auf hohem Abstraktionsniveau wie „Kunde", „Material" oder „Auftrag" zur Verfügung. SAP Business Objects bieten auch die Grundlage von SAPs Internet Application Components. Abbildung 3-22 veranschaulicht das Konzept. CORBA- oder COM/DCOM-Clients können über die Objektmethoden (BAPI = Business Object Application Programming Interface) auf die SAP Business Objects zugreifen.

Abbildung 3-22:
SAP Business
Objects [nach
SAP96a, 17]

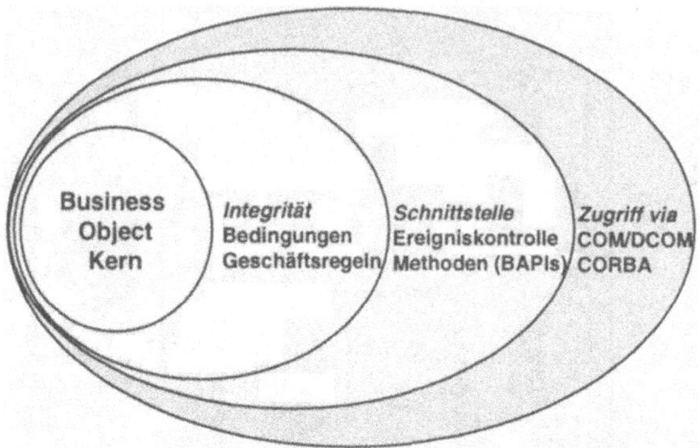

Durch diese Technik können R/3-Komponenten auf unterschiedlichen Rechnern auch über das Internet miteinander gekoppelt werden. Diese neue Middlewaretechnik SAP's wird als ALE/Web (Application Link Enabling/Web) bezeichnet.

Abbildung 3-23:
BAPIs und SAP
Business Ob-
jects [nach
SAP96b, 8]

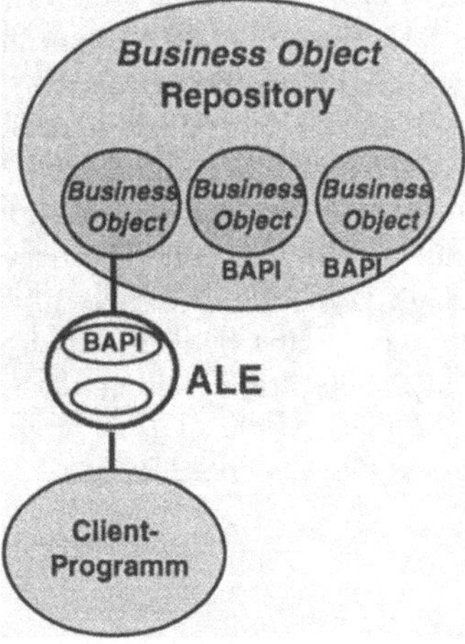

Die OAG (Open Applications Group), ein Gremium führender Hersteller von Standardsoftware, versucht die Definition von sogenannten Business Object Documents für die Integration auf applikatorischer Ebene [vgl. ÖsRi96, 106]. Solche

Software-Komponenten erlangen in der kommerziellen Softwareentwicklung eine immer größere Bedeutung und ermöglichen ein ingeneurmäßiges Vorgehen bei der Entwicklung von Anwendungssoftware.

Im Vergleich zur Benutzung CGI-basierter Anwendungen ist durch die Kombination des WWW mit CORBA die Entwicklung mächtiger, verteilter Internet-Anwendungen möglich. Diese Anwendungen können durch die Verwendung offener Standards leicht erweitert werden - ein entscheidender Vorteil bei den heterogenen Systemen heutiger Unternehmensnetzwerke. Die in diesem Kapitel vorgeschlagene IT-Infrastruktur für unternehmensweite WWW-Informationssysteme muß nicht notwendigerweise die vorhandenen Informationssysteme mit einem Schlag ablösen, sondern kann Schritt für Schritt eingeführt werden. Die genannten Techniken sind skalierbar und beruhen auf offenen Standards.

Den ersten Schritt haben viele Unternehmen bereits gemacht, indem sie über das WWW wichtige Dokumente ihren Mitarbeitern zugänglich machen. Web-Server und WWW-Datenbank-Gateways dienen in der ersten Stufe als Ergänzung zur vorhandenen betrieblichen Infrastruktur, um Information im Internet für jedermann zugänglich zu machen. Der nächste Schritt ist die Umstellung der bestehenden Client-Server-Architekturen auf netzwerkzentrierte Systeme.

4   Entwicklung von WWW-Informationssystemen

> *„The greater effort and longer time dedicated to the development of the structure pays off in the end because it makes detail work so much easier." [siehe Sano96, 82]*

Das Neue an WWW-Informationssystemen ist der modulare Aufbau, die leichte Erweiterbarkeit und der Zugriff über ein Netz von dynamischen und statischen HTML-Seiten. Für den Benutzer selbst bietet ein beliebiger Web-Browser eine einheitliche Benutzeroberfläche zu den betrieblichen Informationsressourcen. Es ist für ihn unwesentlich, in welchen Datenbanken oder Dokumenten sich die gesuchte Information befindet.

Informations-system-Architektur

Aus welchen inhaltlichen Komponenten soll das unternehmensweite Informationssystem nun bestehen? Was ist neu zu entwickeln, weiterzuentwickeln oder einzuführen? Aus der Beantwortung dieser Fragestellungen wird die Informations-system-Architektur eines Unternehmens abgeleitet. Sie beschreibt die Gestaltungsvariablen und wird für die Analyse und die Konzeption der Informationssysteme - im Rahmen der strategischen Informationssystemplanung - genutzt [vgl. LeHi95, 59]. Nach Hansen ist die Informationssystem-Architektur „der Bebauungsplan für einen Betrieb mit Informationssystemen. Durch die strategische Planung und die IS-Architektur wird beschrieben, wie die IS-Landschaft des Betriebes in den nächsten fünf bis zehn Jahren aussehen soll. Darauf aufbauend können Projekte beschrieben werden, die schrittweise zu diesem zukünftigen Soll-Zustand hinführen sollen" [siehe Hans96c, 115 f.].

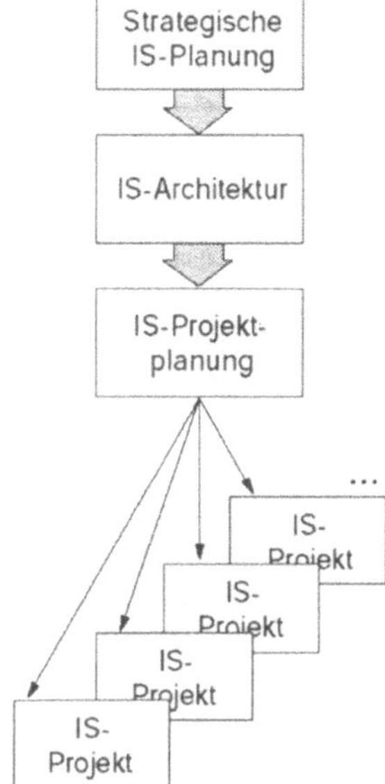

Abbildung 4-1:
Von der IS-
Planung zum IS-
Projekt [nach
Hans96c, 115]

In den letzten Jahren wurden zahlreiche Methoden zur Beschreibung von IS-Architekturen entwickelt. Beispiele sind die Informationssystem-Architektur (ISA) von Zachman, die Architektur integrierter Informationssysteme (ARIS) von Scheer oder die IS-Architektur des Softwareherstellers Oracle als Bestandteil der CASE*Method [vgl. Hans96c, 126]. ARIS stellt beispielsweise eine ganzheitliche Betrachtung des betrieblichen Informationssystems dar. Die hohe Komplexität des Betrachtungsgegenstandes führt dazu, daß das Gesamtsystem in verschiedene Sichten (Organisationssicht, Datensicht, Funktionssicht und Steuerungssicht) untergliedert wird und die Sichten wiederum in Abstraktionsebenen (Fachkonzept, DV-Konzept, Implementierung) je nach Nähe zur Informationstechnik. Die Sichten von ARIS beschreiben die Datenstrukturen, die Funktionen, die Aufbauorganisation und die Prozesse des Unternehmens. Entity-Relationship Modelle, Funktionsbäume, Organigramme und Ereignisgesteuerte Prozeßketten sind dabei wichtige Methoden, um ein umfassendes Bild der IS-Architektur auf Fachkonzeptebene zu zeichnen. Abbildung 4-2 zeigt einen Überblick über das Konzept von ARIS.

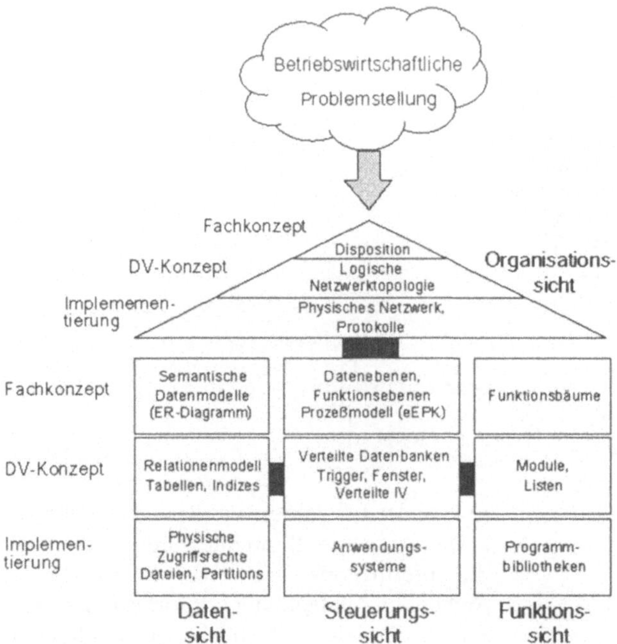

Abbildung 4-2:
Sichten und
Beschreibungs-
ebenen von
ARIS
[nach Sche95,
17]

Die Hypermediastruktur unternehmensweiter WWW-Informationssysteme erfordert neue Sichtweisen und neue Methoden. Das in diesem Kapitel gezeigte *WWW-Rahmenkonzept* ist ein wichtiges Mittel zur Beschreibung der IS-Architektur unternehmensweiter WWW-Informationssysteme. Das WWW-Rahmenkonzept bietet eine integrierte Sichtweise auf die Inhalte und Anwendungen eines WWW-Informationssystems vom Standpunkt des Benutzers. Es löst die oben angesprochenen Beschreibungsmethoden wie Entity-Relationship Modelle oder Funktionsbäume nicht ab, sondern ergänzt sie um einen wichtigen Bestandteil.

4.1 Neue Anforderungen an das Informationsmanagement

Unternehmensweite WWW-Informationssysteme stellen sehr umfangreiche Systeme dar. Sie umfassen die Abbildung der Produktpalette, Produktionspläne, Finanzinformation ebenso wie die Ankündigung offener Stellen oder die Möglichkeit von On-line-Shopping. Alleine das Grundgerüst an statischen HTML-Dokumenten kann viele hundert Seiten annehmen. Große WWW-Informationssysteme, kämpfen wegen der unübersichtlichen Struktur des Systems oft mit starken Akzeptanzproblemen bei den Benutzern. Die Informations- und Navigationsstruktur ist verwirrend und „getting lost in hyperspace" wurde eines der Hauptprobleme des WWW. Weiters lieferte nach Untersuchungen der Gartner Group 1995 ein Großteil der im WWW präsenten Unternehmen nicht die Information, die von Benutzern gewünscht wird [vgl. Comp96, 10]. Schuld daran ist der unprofessionelle Ablauf vieler WWW-Projekte, der stark an Fehler der Softwareentwicklung vor zwanzig Jahren erinnert:

- Bedürfnisse der Endbenutzer werden nicht ausreichend analysiert.

- Es gibt kaum brauchbare Methoden für Entwurf und Planung großer WWW-Systeme.

- Ständige Aktualisierung und Weiterentwicklung werden verabsäumt.

Der _Bedarf an Analyse-, Entwurfs- und Planungsmethoden_ für große WWW-Informationssysteme ist offensichtlich. Man findet allerdings kaum Literatur zu strukturiertem Vorgehen bei der WWW-Entwicklung. Das liegt einerseits daran, daß das Gebiet noch sehr jung ist, andererseits ist die Technik in diesem Bereich sehr schnellen Innovationszyklen unterworfen. Der grundlegende Unterschied ist aber, daß es sich nicht um einen „Softwareblock" handelt, sondern um ein Konglomerat verschiedenster Softwarebausteine mit unterschiedlichster Technik - von einfachen statischen HTML-Dokumenten, Datenbank-Gateways bis zu komplexen im Netzwerk verteilten Anwendungen. Nachdem Kapitel 3 einen Überblick über die IT-Infrastruktur unternehmensweiter WWW-Informationssysteme gegeben hat, zeigen die folgenden Abschnitte Methoden, um das WWW-Informationssystem auf Fachkonzeptebene darstellen zu können.

4.2   Vorgehen bei der Entwicklung unternehmensweiter-WWW-Informationssysteme

4.2.1   Vergleich zur konventionellen Softwareentwicklung

Die Entwicklung eines unternehmensweiten WWW-Informationssystems ist durch das Zusammenspiel der zahlreichen Komponenten ein äußerst komplexer Vorgang. Bei großen, komplexen Aufgaben versucht man üblicherweise, den Lösungsprozeß systematisch zu gliedern, also ein Vorgehensmodell zu definieren. Dieses unterteilt den Lösungsprozeß in überschaubare Abschnitte und soll dadurch eine schrittweise Planung, Durchführung, Entscheidung und Kontrolle ermöglichen [vgl. PoBl93, 17]. Eines der ursprünglichen Ziele von Vorgehensmodellen in der Softwareentwicklung ist es, den Aufwand durch Verlagerung von der Implementierung zum Entwurf zu verringern und dabei eine Qualitätssteigerung zu erreichen.

Konventionelle Softwareentwicklung

Es gibt zahlreiche Quellen über das Vorgehen bei konventioneller Softwareentwicklung [vgl. auch Boeh88, PoBl93, Zehn91]. Die dazugehörigen Phasenkonzepte sind weitgehend akzeptiert und verbreitet, obwohl ihr Reifegrad vielfach noch wenig befriedigend ist. Sie sind gewöhnlich zentraler Bestandteil des Projektmanagements und der Erfolgskontrolle. Fast alle Vorgehensmodelle unterteilen die Entwicklungszeit zumindest in die vier Phasen Analyse, Entwurf, Realisierung und Einführung. Das wohl bekannteste Phasenmodell, das Wasserfall-Modell von Boehm, ist vor allem wegen seiner Überschaubarkeit und der Verfügbarkeit von Zwischenergebnissen weit verbreitet. Die später entwickelten Spiralmodelle und Prototypingmodelle finden eher bei schlecht strukturierten, großen Problemen Anwendung, da besser auf die sich wandelnden Anforderungen der Endbenutzer eingegangen werden kann. Die Entwicklung von WWW-Informationssystemen unterscheidet sich in einigen wesentlichen Punkten von traditionellen Softwareprojekten.

- Die Hauptaufgabe in der *Analysephase* ist es, die Informationsbedürfnisse der zukünftigen Benutzer zu analysieren. Im Gegensatz zu konventionellen Softwareprojekten liegt die Schwierigkeit vor allem darin, daß der Entwickler von WWW-Informationssystemen es meist mit einer sehr viel großen Zahl unbekannter Endbenutzer zu tun hat, deren Bedürfnisse entsprechend schwer zu erfassen sind.

- Der *Entwurf* großer WWW-Anwendungen verlangt neue Methoden, mit denen die Hypermedia-Struktur des Systems sinnvoll geplant werden kann. Dabei ist die Information sinnvoll zu aggregieren und die Navigation durch das Informationssystem übersichtlich und einfach zu gestalten. Das Ziel der Entwurfsmethoden auf Fachkonzeptsebene ist es, ein Netzwerk der verschiedenen Komponenten zu entwerfen, die dann das unternehmensweite Informationssystem ergeben.

- Die *Implementierung* von WWW-Informationssystemen ist meist prototyping-orientiert. Im ersten Schritt wird ein statisches Netz von Hyper-Dokumenten erstellt, das den groben Rahmen für das WWW-Informationssystem absteckt. Dieses statische Grundgerüst wird dann Schritt für Schritt um die verschiedenen betrieblichen Anwendungen erweitert. Diese Art der Entwicklung bezeichnet man auch als *komponentenorientiert* [vgl. Pits96a, 41]. Diese Komponenten sind relativ unabhängig und werden über ihre WWW-Oberfläche zu einem unternehmensweiten Informationssystem integriert.

- Ein unternehmensweites WWW-Informationssystem ist *ständig in Entwicklung*, da es sich ständig der Organisation anpaßt und dabei auch strukturell verändert und erweitert wird.

In der Implementierung wird wie beschrieben stark komponentenorientiert gearbeitet. Das legt zur Entwicklung ein Prototypmodell wie das Spiralmodell von Boehm nahe. Ein solches Vorgehen wird oft als *evolutionäre Softwareentwicklung* bezeichnet. Das bedeutet, daß ausgehend von einem ersten Prototyp des zu entwickelnden Systems dieser Prototyp immer weiterentwickelt wird.

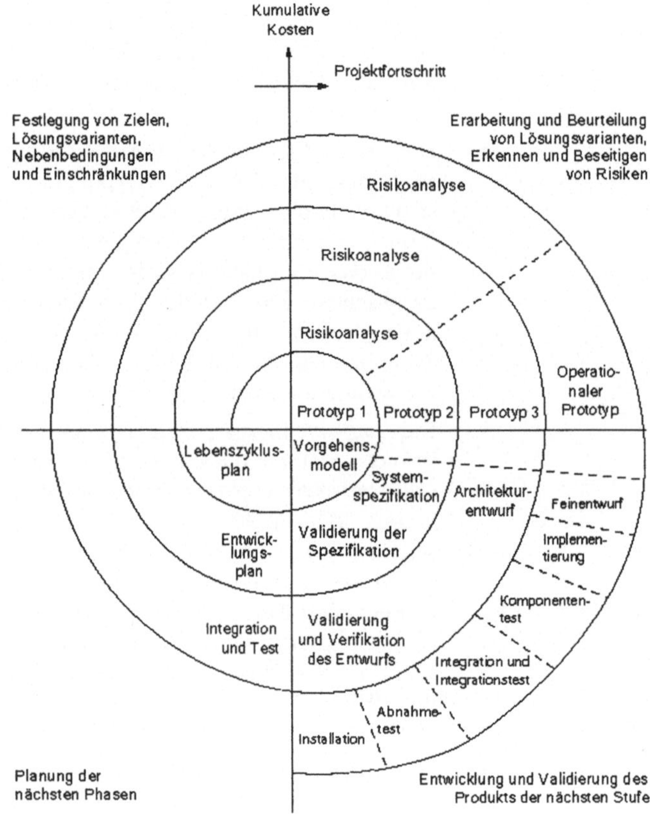

Abbildung 4-3: Spiralmodell von Boehm [nach Boeh88, 21]

Im Falle eines WWW-Informationssystems ist dieses Prototypingmodell meist ein statisches Gerüst aus Hyper-Dokumenten, die schrittweise erweitert werden. „Zu einem bestimmten Zeitpunkt wird eine Version des Prototyps als erste Produktversion vom Kunden übernommen. Werden Änderungen oder Erweiterungen vom Kunden gewünscht, so wird die aktuelle Prototypversion evolutionär weiterentwickelt und als nächste Produktversion dem Kunden übergeben. Der wesentlichste Vorteil der evolutionären Softwareentwicklung ist, daß die Wartung der Software nicht außer acht gelassen, sondern als integraler Bestandteil der Softwareentwicklung behandelt wird. Die Wartung ist also Teil der Evolution des zu entwickelnden Systems - die erste Produktversion ist gleichzeitig die erste Wartungsversion" [siehe KaSc96, 63].

WWW-Rahmen-konzept

Ein rein evolutionäres Vorgehen, bei dem das WWW-Informationssystem „je nach Bedarf" erweitert wird, führt aber schnell zu einem unüberblickbaren Wildwuchs. Dieser Effekt ist sehr deutlich bei vielen WWW-Sites zu sehen, die „bottom-up" ohne vorherige Planung entwickelt wurden. Dadurch entsteht ein unübersichtliches Netz von hunderten Hyper-Dokumenten, das vor allem für gelegentliche Benutzer nur schwer überblickbar ist. Gerade wegen des Umfangs der Systeme und der Komplexität im Zusammenspiel der zahlreichen Komponenten benötigt man eine Art „Bebauungsplan" - das *WWW-Rahmenkonzept*. Darin werden Fragen nach dem Inhalt und der Zusammensetzung des Systems, der Wartung und den Zugriffsrechten beantwortet. Aufbauend auf das WWW-Rahmenkonzept können Projekte beschrieben werden, die schrittweise das unternehmensweite WWW-Informationssystem realisieren.

Daraus läßt sich ein Vorgehen ableiten, das sehr stark dem des Business Engineering nach Österle [vgl Öste95, 23 f.] entspricht. Auch Österle verwendet den Begriff der „Evolution". Die Entwicklung beginnt in diesem Modell mit einem Initialprojekt (Revolution), dem die ständige Weiterentwicklung (Evolution) des Systems folgt. Bei der Entwicklung unternehmensweiter WWW-Informationssysteme wird in

Praxisprojekten während des Initialprojektes das WWW-Rahmenkonzept abgeleitet. Es beschreibt die im zukünftigen System enthaltenen Komponenten, die HTML-Dokumente, die verwendeten Datenressourcen ebenso wie die benötigten Zugriffsrechte. Nachdem im Initialprojekt die grundlegenden Dienste des Systems implementiert wurden, wird in der Evolution das System erweitert beziehungsweise an die Informationsbedürfnisse des Unternehmens angepaßt.

Abbildung 4-4:
Vorgehen bei der
Entwicklung von
WWW-Informa-
tionssystemen
[in Anlehnung an
Öste95, 23]

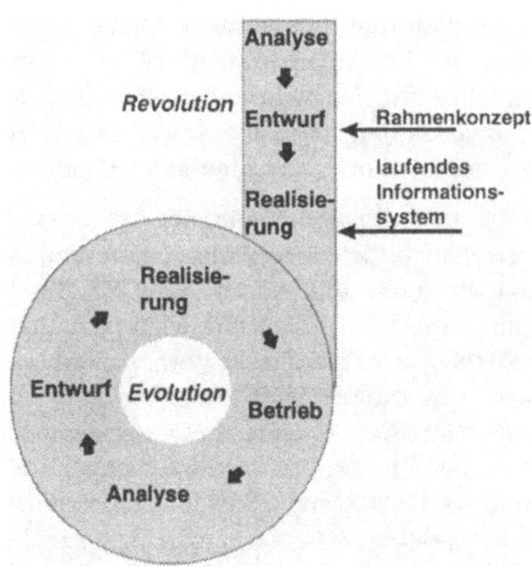

4.2.2   Entwicklung eines WWW-Rahmenkonzeptes

Bei der Entwicklung eines WWW-Rahmenkonzeptes stehen dem Informationsmanagement derzeit kaum Methoden zur Verfügung. Im nachfolgenden Phasenschema soll die Entwicklung des WWW-Rahmenkonzeptes etwas genauer betrachtet werden. Wir verwenden ein phasenmäßiges Vorgehen, da der Ablauf dadurch besser strukturierbar wird. Phasen stellen zeitlich und funktionell abgrenzbare Teile eines Projektablaufs dar [vgl. Zehn91, 24]. Im Mittelpunkt der Betrachtung stehen *organisatorische und zeitliche Aspekte* der Projektgliederung. Auf personelle oder wirtschaftliche

Aspekte der Projektführung wird nur am Rande eingegangen. Die streng sequentielle Abfolge der auszuführenden Aktivitäten ist natürlich idealtypisch. In der Praxis treten Schleifen und überlappende Abläufe auf. Das Phasenschema

- erleichtert jedoch die Planung und Erfolgskontrolle bei WWW-Projekten,

- fördert die Strukturierung des Entwicklungsprozesses sowie des Produktes,

- ermöglicht einen arbeitsteiligen Entwicklungsprozeß, wie er für umfangreiche Projekte unabdingbar ist.

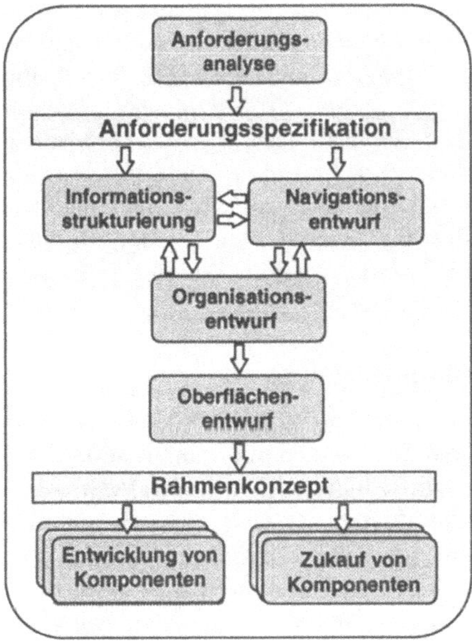

Abbildung 4-5: Phasenschema zur Entwicklung eines WWW-Rahmen-konzeptes

Wichtig ist, daß im Verlauf der Projektarbeit alle Hauptphasen einzeln bearbeitet und abgeschlossen werden. Diese Hauptphasen werden wiederum in Teilphasen gegliedert. In der *Anforderungsanalyse* wird eine Anforderungsspezifikation abgeleitet. Dieses Dokument stellt die Grundlage für den nachfolgenden *Entwurf* dar. In den vier Entwurfsphasen *In-*

formationsstrukturierung, Navigationsentwurf, Organisationsentwurf und *Oberflächenentwurf* wird dann das *WWW-Rahmenkonzept* erstellt, das das grundlegende Langfristkonzept des Informationssystems darstellt. Die darin spezifizierten Komponenten werden dann in der *Realisierung* entweder selbst erstellt oder als fertige Anwendungen zugekauft und in die Hypermedia-Struktur integriert. Dadurch kann das System schrittweise erweitert werden.

Das WWW-Rahmenkonzept stellt das zentrale Dokument für das Informationsmanagement dar. Es ist aber keine starre Richtlinie, sondern ein *flexibles Planungsinstrument*, in dem der strategische Bebauungsplan der betrieblichen IT-Infrastruktur festgehalten wird. In der dynamischen Umgebung heutiger Unternehmen wird das WWW-Informationssystem ständig den neuen Erfordernissen angepaßt und unterliegt einer permanenten Veränderung. Es wird um neue Komponenten erweitert und aktualisiert. Diese Änderungen schlagen sich ebenso darin nieder wie neue Anforderungen, die während des Betriebes gestellt werden. In den folgenden Abschnitten werden die Phasen des Initialprojektes erwas genauer betrachtet.

4.3 Anforderungsanalyse

Um eine möglichst genaue Aufgabenstellung für das unternehmensweite WWW-Informationssystem zu erhalten, muß eine Anforderungsanalyse durchgeführt werden. Während der Anforderungsanalyse wird das nötige Grundlagenmaterial erhoben, um den Entwurf durchführen zu können. Dabei werden das Organisationssystem und die betroffenen Betriebsabläufe untersucht und die Benutzerwünsche erfaßt. Sowohl die Anforderungen der Zielgruppen als auch der Auftraggeber müssen berücksichtigt werden.

Ziel der Anforderungsanalyse ist es festzulegen, welche Aufgaben das WWW-Informationssystem zu erfüllen hat und welche technischen, personellen, finanziellen und zeitlichen Ressourcen für die Projektrealisierung zur Verfügung stehen. Dazu gehört die Erhebung des Ist-Zustands und Abgrenzung des Problembereichs sowie das Erfassen der grundlegenden Soll-Konzeption durch Interviews und die Analyse von Informationsmaterial. Sowohl unternehmensinterne als auch unternehmensexterne Gegebenheiten werden untersucht [vgl. Hans96a, 186 f.].

- Welche Zielgruppen hat das System?

- Welche unternehmerischen Aufgaben sollen unterstützt werden?

- Welche Informations- und Kommunikationsbedürfnisse hat die Zielgruppe?

- Welche IS-Ressourcen sind im Unternehmen vorhanden?

- Welche Mitbewerber gibt es am Markt?

Um diese Fragen beantworten zu können, folgt eine genaue Untersuchung der Unternehmensorganisation, der betrieblichen Informationsressourcen und der Zielgruppen.

4.3.1 Unternehmensorganisation und betriebliche IT-Infrastruktur

Im ersten Schritt versucht man Klarheit über das organisatorische Gefüge der relevanten Unternehmensbereiche zu bekommen. Die grundlegenden Daten dazu stammen aus der Betriebsorganisation beziehungsweise aus der strategischen Informationssystemplanung. Organigramme, Funktionshierarchiediagramme oder Prozeßketten geben Aufschluß über die Aufbauorganisation des Unternehmens, die wichtigsten Funktionen und Geschäftsprozesse. Daneben eignen sich in dieser Phase vor allem Interviews mit Vertretern der jeweiligen Unternehmensbereiche.

Eine weitere wichtige Information für den Entwurf des WWW-basierten Informationssystems sind die vorhandenen betrieblichen Informationsressourcen. Bevor man mit dem Entwurf beginnt, braucht man eine vollständige Übersicht über

- die verwendete Hardware (Server, Arbeitsplatzrechner, Netzwerkinfrastruktur),

- die Systemsoftware (Betriebssysteme, Netzwerksoftware),

- die Datenressourcen (Datenbanken, Data-Warehouses, Dateiserver) und

- die Kommunikationssysteme (E-Mail-Systeme, Groupware, Workflowsysteme).

4.3.2   Zielgruppenanalyse

Der schwierigste und auch aufwendigste Teil der Systemerhebung ist die Zielgruppenanalyse. *Unternehmensinterne Zielgruppen* stellen weniger ein Problem dar, da ihre Bedürfnisse an das System wie in der konventionellen Softwareentwicklung durch Interviews erhoben werden können. Eine häufig eingesetzte Technik dazu ist die Fragebogentechnik, in der die Analytiker detaillierte Fragen an alle Mitarbeiter des zu untersuchenden Bereichs richten. Das setzt allerdings voraus, daß der Analytiker bereits genaue Kenntnis des Anwendungsgebiets haben muß, um sinnvolle und vollständige Fragebögen erstellen zu können. Einfacher und flexibler sind Einzel- oder Gruppeninterviews, auch wenn sie aufwendiger sind.

Benutzer eines unternehmensweiten WWW-Informationssystems sind unter anderem Kunden, Lieferanten oder Investoren des Unternehmens, das heißt sie sind oft *unternehmensextern*. Im Vergleich zur Entwicklung innerbetrieblicher Informationssysteme ist es daher sehr schwierig, die Bedürfnisse des zukünftigen Benutzers festzustellen. Das hat eine Reihe von Ursachen [vgl. Hans94, 138]:

- Die große Anzahl der Benutzer, die über viele Orte verstreut sind.

- Demographische Merkmale, Gewohnheiten und Verhalten der Benutzer sind sehr unterschiedlich und kaum bekannt.

- Das Benutzerprofil kann sich im Laufe der Jahre stark verändern.

- Viele Benutzer haben kein Interesse daran, an der Entwicklung mitzuarbeiten.

Man verwendet deshalb zur Anforderungsanalyse oft Methoden aus der Marktforschung wie Interviews mit Testpersonen, Umfragen oder die Sammlung und Analyse von Marktdaten. Daneben liefern Sekundärquellen wichtiges Datenmaterial. Einen sehr guten Überblick über die verschiedensten Aspekte der WWW-Nutzung und die Benutzergruppen bieten die GVU-Studien [vgl. auch GVU96]. Daneben gibt es Untersuchungen zu Spezialthemen wie die von der IDC Deutschland und dem Fraunhofer Institut durchgeführte Umfrage zum Thema Teleshopping [vgl. Hans96c, 432] oder die Studien der Abteilung für Wirtschaftsinformatik der Wirtschaftsuniversität Wien [vgl. HaSc95, KiSc95].

4.3.3 Anforderungsspezifikation

Die *Anforderungsspezifikation* stellt das Endergebnis der Analyse dar und ist gleichzeitig die Grundlage für den Entwurf. Darunter versteht man die Erarbeitung eines Vertrages zwischen Auftraggeber und Entwickler, der genau festlegt, was das geplante Softwaresystem leisten soll und welche Prämissen für dessen Realisierung gelten. Das Dokument muß für alle Adressaten, also für Auftraggeber und Softwareentwickler, präzise und verständlich formuliert sein. Für den Softwareentwickler muß es die Information enthalten, die er für Entwurf und Implementierung benötigt. Für den Auftraggeber soll es das System so beschreiben, wie es sich den Benutzern präsentieren soll. Die Spezifikation ist die Grundlage für das Projektmanagement, für die Abschätzung der Projektkosten und das Festlegen von Zeitplänen. Nach dem ANSI/IEEE Guide to Software Requirements Specification [vgl. PoBl93, 41] soll die Spezifikation eine Liste von neun Punkten enthalten. Diese Gliederung erweist sich in etwas abgewandelter und gekürzter Form auch für unternehmensweite WWW-Informationssysteme als sinnvoll.

- *Ausgangssituation und Zielsetzung*
  Sie enthält eine allgemeine Beschreibung der Ausgangssituation mit Bezug auf die Ist-Zustandanalyse und die Projektziele.

- *Systemeinsatz und Systemumgebung*
  Der Systemeinsatz beschreibt die Voraussetzungen, die für den Systemeinsatz gegeben sind. Darin müssen die in Abschnitt 4.3.1 aufgezählten Punkte enthalten sein:
  ↪ die verwendete Hardware,
  ↪ die Systemsoftware,
  ↪ die Datenressourcen und
  ↪ die Kommunikationssysteme.

- *Funktionale Anforderungen*
  Funktionale Anforderungen definieren die vom Benutzer erwarteten Systemfunktionen. Hier schlagen sich die Ergebnisse der Zielgruppenanalyse nieder. Es wird bestimmt, welche Anwendungen die jeweiligen Zielgruppen brauchen und auf welche Informationsressourcen dabei zugegriffen wird.

- *Nichtfunktionale Anforderungen*
  Diese enthalten Anforderungen nichtfunktionaler Art wie Zuverlässigkeit, Sicherheit, Portabilität oder ein gewünschtes Antwortzeitverhalten.

- *Dokumentationsanforderungen*
  Die Dokumentationsanforderung legt Umfang und Art der Dokumentation fest. Diese Dokumentation ist später Grundlage für die richtige Installation, Wartung und auch Benutzung des Systems.

- *Abnahmekriterien*
  Die Abnahmekriterien fassen noch einmal genau zusammen, welche Anforderungen erfüllt sein müssen. Erst wenn diese Kriterien erfüllt sind, kann das WWW-Informationssystem zum ersten mal in Betrieb gehen.

- *Glossar und Index*
  Die Spezifikation ist eine Referenz, die in der Regel nicht sequentiell gelesen wird, sondern als Nachschlagewerk in den nachfolgenden Phasen dient. Es ist daher sinnvoll, ein Glossar über die verwendeten Begriffe und einen ausführlichen Index mit einzuschließen.

4.4 Entwurf

Der Entwurf bestimmt maßgeblich die Güte des WWW-Informationssystems und nimmt eine zentrale Stellung bei der Entwicklung ein. Ziel der Entwurfsphase ist es festzulegen, durch welche Systemkomponenten die in der Spezifikation vorgegebenen Anforderungen abgedeckt werden und wie diese zusammenarbeiten sollen. In der Entwurfsphase soll Funktionalität und Inhalt des geplanten Systems definiert werden. Einerseits wird die Interaktion mit dem Benutzer modelliert und andererseits die Integration des WWW-Informationssystems in das Unternehmen und die bestehende Infrastruktur.

Ziele des WWW-Entwurfs

Anwendungskomponenten eines WWW-Informationssystems können relativ einfach über Hyperlinks miteinander verknüpft werden, doch führt gerade die daraus entstehende Freiheit des Entwicklers oft zu sehr unübersichtlichen, chaotisch organisierten Systemen. Hyperlinks stellen im WWW die einzige Strukturierungsmöglichkeit dar. Der Entwurf soll zu gut strukturierten, übersichtlichen WWW-Informationssystemen führen. Entwurfs- und Modellierungsmethoden haben aber neben der Strukturierung weitere wichtige Aufgaben zu erfüllen. Die Modelle

- dienen als Kommunikationsmittel zwischen Programmierer, Benutzer und Management [vgl. GaPa93, 5].

- lenken den Fokus des Entwicklers weg von Details der Implementierung und Oberflächengestaltung hin zu Inhalt und Funktionalität des Systems.

- helfen den Aufbau des Systems zu strukturieren und vermeiden Redundanzen.

- sind ein gutes Mittel zur Dokumentation.

- eignen sich zur Wiederverwendung in neuen Projekten.

Zur Zeit mangelt es allerdings an Modellierungsmethoden zur Darstellung von WWW-Systemen. Weder Methoden aus dem konventionellen Softwareentwurf noch Ansätze aus dem Hypermedia-Design gehen auf die speziellen Anforderungen des WWW ein.

Phasen des WWW-Entwurfs

Obwohl gerade bei Hypermedia-Anwendungen eine enge Wechselwirkung zwischen Präsentation und Repräsentation besteht, lassen sich nach Hofmann folgende Entwurfsphasen identifizieren [vgl. Hofm95, 96]:

- Entwurf des logischen Grundgerüsts

- Entwurf der Nutzung (Navigationsunterstützung, Zugriffsstrukturen)

- Entwurf der Präsentation (Layout).

Die in der nachfolgende Abbildung 4-6 gezeigte Entwurfsphase beschreibt in Anlehnung daran ein Vorgehen zur Entwicklung eines WWW-Rahmenkonzeptes. Ausgangspunkt ist die in der Anforderungsanalyse erstellte Anforderungsspezifikation.

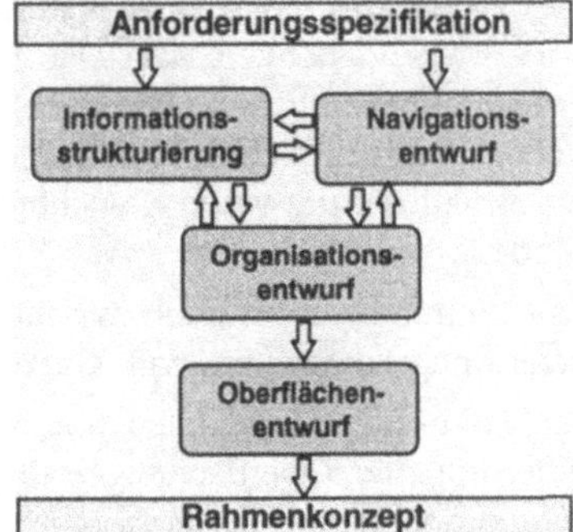

Abbildung 4-6: Teilphasen des Entwurfs

Informationsstrukturierung und Navigationsentwurf

Sano beschreibt sehr treffend, worum es bei den ersten Entwurfsschritten geht. "A large part of a designer's job is to make the complex understandable. Achieving understandability requires the communications designer to organize and structure information before making decisions which determine the exact visual style or presentation. ... An overall plan must be developed first, which then guides the design through the later production stage" [siehe Sano96, 84]. Und weiters: "The fundamental purpose of an organizational framework for web applications is to provide the user with a clear, obvious structure when traversing the information space. An obvious framework plays a substantial role in the overall usability, efficiency, and usefulness of the web site and is an integral part of the web design process;" [siehe Sano96, 87].

In diesem ersten Entwurfsschritten soll also möglichst unabhängig von den zur Verfügung stehenden Informationssystemressourcen die Benutzersicht modelliert werden. Es geht im ersten Schritt darum, die Information zu strukturieren und den Zugriff darauf zu organisieren (*Informationsstrukturierung und Navigationsentwurf*). Grundlage dafür sind die in der Anforderungsanalyse festgestellten Benutzerbedürfnisse. Die dabei entstehenden Komponenten sind von sehr unterschiedlicher Granularität. Es kann sich dabei um einfache HTML-Dokumente handeln, die über die neuesten Job-Angebote informieren, aber auch elektronische Produktkataloge, hinter denen sich komplexe Datenbankanwendungen verbergen.

Organisationsentwurf

Nur ein Bruchteil des Systems ist für alle Benutzergruppen. Ein großer Teil des WWW-Informationssystems soll nur für bestimmte Benutzergruppen zugänglich sein. So ist genau festzulegen, welche Komponenten sichere Datenübertragung erfordern und welche Benutzer(-gruppen) auf sie zugreifen können. Die dazu nötige Information wurde in der Zielgruppenanalyse erhoben. Im *Organisationsentwurf* werden die Benutzer („Sicherheitssubjekte") des Systems aggregiert und den Komponenten („Sicherheitsobjekten") zugewiesen. Daneben wird auch festgelegt, wer inhaltlich für die verschiedenen Bereiche des Systems verantwortlich ist.

Oberflächenentwurf

Erst im letzten Schritt wird die Benutzerschnittstelle selbst entworfen. Der *Oberflächenentwurf* beschäftigt sich mit der Präsentation der spezifizierten Informationsobjekte. Ihr Layout muß attraktiv genug sein, um auch ungeübte Benutzer anzusprechen. Standardisierte Kopf- und Fußzeilen, Graphiken und Hintergrundbilder sorgen für eine einheitliche Benutzerführung und präsentieren das „corporate design" des Unternehmens.

Wie in Nanard et al. [vgl. auch NaNa95] gezeigt wird, arbeiten Entwickler nicht sequentiell die einzelnen Entwurfsphasen durch. Gerade der Entwurf umfaßt einen iterativen, mentalen Prozeß aus den oben genannten Entwurfsphasen, der ständiges Feedback benötigt. Das ist auch der Grund dafür, daß es zahlreiche Rückkopplungen zwischen Informationsstrukturierung, Navigationsentwurf und Organisationsentwurf gibt (siehe Abbildung 4-6). Der Entwurf von WWW-Informationssystemen wird wahrscheinlich nie soweit zu formalisieren sein, wie es derzeit im Datenbankentwurf der Fall ist. Eine strukturierte, wenn möglich werkzeuggestützte, Vorgehensweise kann die Qualität und Effizienz des Entwicklungsprozesses aber wesentlich erhöhen.

4.4.1 Informationsstrukturierung und Navigationsentwurf

Dieser Schritt soll unabhängig von den gegebenen technischen und organisatorischen Voraussetzungen erfolgen und steht daher an erster Stelle. Der Entwurf von Hypermedia-Systemen wie dem WWW stellt für die meisten Praktiker noch ein völlig unbekanntes Gebiet dar. Isakowitz schreibt über Hypermediaentwurf: „In thinking about improving organizational processes and applications, we have several ways to examine systems. The traditional design methodologies of functional decomposition and data flow analysis help us consider a system in terms of its processes and how information passes through them. An object-oriented viewpoint considers the system in terms of its components and component hierarchies, and the operations applicable to each. Conversely, hypermedia considers a system in terms of the relationships among ist elements and processes focusing on how users gain access to them. ... Considering an application from a relationship management viewpoint results in new ways to view the system's elements and processes, to navigate among them, to enhance the system's knowledge with comments and relationships, and to target information displays to individual users and their tasks. This vantage point gives both developers and users a better understanding of the application" [siehe IsBi96, iii].

Bei herkömmlichen Textformen ist der Autor gezwungen, die lineare Form des Mediums bei der Erstellung des Textes zu berücksichtigen. Dies bedeutet vor allem, daß er jeden Teil des Inhalts hierarchisch eindeutig zuordnen muß [vgl. auch Fabe93]. Der Einsatz von Hyperlinks bringt für den Autor große Flexibilität. Das Ergebnis ist jedoch oft Hypertext, der für den Benutzer sehr verwirrend ist. Eine Möglichkeit, um dem zunehmend auftretenden Phänomen des „getting lost in hyperspace" entgegenzutreten, ist der Entwurf struktureller Aspekte einer Hypertext-Anwendung. Im Aufsatz „Linking Considered Harmful" von DeYoung [vgl. auch DeYo90] wurde zum ersten Mal diese Notwendigkeit betont und Hypertext-Entwurf mit dem Einsatz strukturierter Programmierung verglichen. Garzotto et al. beschreibt mit dem Konzept des „authoring-in-the-large" [vgl. GaPa93, 1 ff.] die systemunabhängige Beschreibung von Navigationsstrukturen und Klassen von Informationsobjekten im Hypertext. Entwurfsmethoden sollen den darzustellenden Informationsbereich strukturieren und zu übersichtlicheren, einfacher zu bedienenden Applikationen führen.

Ansätze aus dem Hypermedia-Entwurf

Diese Erkenntnisse aus dem Hypermedia-Entwurf können zu einem großen Teil auch auf den Entwurf von WWW-Systemen übertragen werden. Im Hypermediaentwurf wird versucht, einen großen, komplexen Informationsbereich zu strukturieren und dem Benutzer wie auch dem Entwickler verständlich und zugänglich zu machen. An diesem Prozeß sind Autoren, Designer und Programmierer beteiligt. Die Entwicklung dieser Systeme gleicht mehr einer Kunst als einer Wissenschaft [vgl. IsSt95, 35]. Unter Informationsstrukturierung versteht man dabei die Untergliederung des Informationsbereiches in eine Menge von Informationsobjekten beziehungsweise Komponenten [vgl. HaSc94, 33], die eine semantische Einheit darstellen. Im Navigationsentwurf wird versucht, Zugriffsstrukturen auf die verschiedenen Komponenten festzulegen und sie mit Inhalt zu füllen.

Bisherige Arbeiten aus dem Bereich des Hypermedia-Entwurfs bieten nützliche Ansätze für den Entwurf von WWW-Sites. Datenbankentwurf ist ein Gebiet, das in sehr enger Beziehung zum Hypermediaentwurf steht. Die meisten der bestehenden Hypermediaentwurfsmethoden basieren daher auf Datenmodellierungsmethoden wie dem Entity-Relationship Modell (ERM) und fügen hypermediaspezifische Funktionen wie Navigationskonstrukte hinzu. Sie eignen sich daher vor allem für hoch strukturierte Informationsbereiche. Datenmodelle haben darüber hinaus auch den Vorteil, daß sie Systemanalytikern vertraut sind.

Hypertext Design Model

HDM

Die erste bedeutende Arbeit auf diesem Gebiet war das *Hypertext Design Model* (HDM) [vgl. auch GaPa93]. Die Erstellung eines HDM-Modells beginnt mit der Strukturierung des abzubildenden Realitätsausschnittes in Entitäten. Jede Entität bildet ein Objekt der reellen Welt ab. Gleichartige Entitäten werden in Klassen zusammengefaßt und bilden einen Entitätstyp. Zieht man als Beispiel einen Hypermedia-Opernführer heran, so stellt Verdis *Il Trovatore* eine mögliche Entität vom Typ *Oper* dar. Diese Verwendungsweise der Begriffe Entität und Entitätstyp entspricht in etwa deren Bedeutung im ER-Modell.

Eine Entität eines HDM-Modells besteht wiederum aus hierarchisch strukturierten Komponenten. Diese Komponenten sind die tatsächlich betrachteten Informationscontainer. Der Einsatz einer hierarchischen Struktur dient der Erstellung eines klaren Navigationsdesigns. Auf das obige Beispiel bezogen ist *der 3. Akt* eine Komponente, die wiederum aus *1. Szene* und *2. Szene* besteht. Darunter finden sich schließlich die einzelnen Arien der Oper als Komponenten auf der untersten Hierarchieebene.

Diese hierarchische Gliederung von Entitäten in Komponenten führt jedoch noch nicht zu der Struktur des geplanten

Hypertext-Systems. Ein HDM-Modell besitzt eine weitere Dimension, die es erlaubt, den durch einen Entitätstypen charakterisierten Realitätsausschnitt aus unterschiedlichen Blickwinkeln zu betrachten. Diesen, im HDM-Modell als Perspektiven bezeichneten, Betrachtungsweisen liegt die Idee zugrunde, daß dieselbe Komponente auf unterschiedliche Art und Weise dargestellt werden kann.

Die elementare Einheit eines HDM-Modells ist eine Unit. Darunter versteht man eine Komponente unter einer bestimmten Perspektive. Eine Unit findet sich zumeist als Knoten im resultierenden Hypertext-System wieder. Ein Beispiel aus dem beschriebenen Opernführer wäre der italienische Text der Arie *di quella pira l'orrendo foco,* eine andere Unit wäre die deutsche Übersetzung oder – bei gegebenen Multimedia-Fähigkeiten des Mediums – eine Aufnahme der Arie. Mit der Strukturierung des betrachteten Realitätsausschnittes in Units endet auch der Anwendungsbereich des HDM-Modells. Auf welche Weise die durch eine Unit repräsentierte Information aufbereitet wird, ist bewußt dem Entwickler überlassen. Somit stellen Units auch die Grenze zwischen dem globalen Entwurfsvorgang (engl.: Authoring-in-the-large) und der Aufbereitung eines einzelnen Knotens des Hypertext-Systems (engl.: Authoring-in-the-small) dar.

Ebenso wichtig wie die Strukturierung des betrachteten Informationsraums ist jedoch auch die Erstellung eines klaren Navigationsdesigns. HDM unterscheidet drei Arten von Verbindungen (Hyptertext-Links) zwischen den Knoten des Hypertext-Systems:

Perspektivische Links verbinden die unterschiedlichen, zu einer Komponente gehörigen Units. Diese Hypertext-Verbindungen konnen aus dem Modell abgeleitet werden und sind für den Benutzer leicht nachvollziehbare Verbindungen. Ein Beispiel wäre ein Hyperlink zwischen der deutschen und der italienischen Version des Textes einer Arie.

Strukturelle Links reflektieren die hierarchische Struktur der Komponenten einer Entität. Diese, charakteristischerweise mit

„Next", „Previous", „Up" oder „Down" bezeichneten Verbindungen, ermöglichen dem Benutzer die Navigation durch die Komponenten einer Entität. Ein Beispiel dafür wären die Links der Komponente *3. Akt* zu den Komponenten *1. Szene* und *2. Szene* des beschriebenen Opernführers.

Anwendungsspezifische Links resultieren aus reellen Zusammenhängen zwischen den beobachteten Entitäten und ihren Komponenten. Diese Verbindungen werden vom Autor des Hypertext-Systems sowohl nach Gesichtspunkten der Semantik als auch der Navigation wahlfrei festgelegt. Ein Beispiel hierfür wäre ein Link zwischen der Entität *Il Trovatore* und der Entität *Verdi*.

Ähnlich dem Konzept eines Datenbank-Schemas können auch die Definitionen eines HDM-Modells zu einer abstrakten Beschreibung der Applikation zusammengefaßt werden. Dieses sogenannte HDM-Schema beschreibt die Struktur der Hypertext-Anwendung mit Hilfe von Entitätstypen und definiert mögliche anwendungsspezifische Hyperlinks. Instanzen dürfen nur dann zu einer solchermaßen spezifizierten Anwendung hinzugefügt werden, wenn sie den Einschränkungen des HDM-Schemas genügen.

Relationship Management Methodology

RMM

HDM baut in vielen Bereichen auf dem Entity-Relationship Modell auf. Die grundsätzlichen Ideen von HDM spiegeln sich in vielen Nachfolgeprojekten wie dem objektorientierten OOHDM [vgl. auch ScRo95], EORM [vgl. auch Lang96] und HDM2 wider. Auch einer der bekanntesten Ansätze auf diesem Gebiet, die *Relationship Management Methodology* (RMM) von Isakowitz et al. [vgl. auch IsSt95], basiert auf Datenmodellierungstechniken. RMM bietet eine umfassende graphische Notation zur Modellierung des Informationsbereiches und beschreibt den gesamten Entwicklungszyklus eines Hypermedia-Projektes. RMM ist für die unterschiedlichsten Arten von Hypertext-Systemen geeignet und wird auch für WWW-Projekte eingesetzt.

Kernstück von RMM ist das Relationship Management Data Model (RMDM), mit dem die Entwurfs- und Zugriffsstrukturen des Systems modelliert werden. Ein RMDM wird wie in Abbildung 4-7 skizziert in drei Schritten konstruiert.

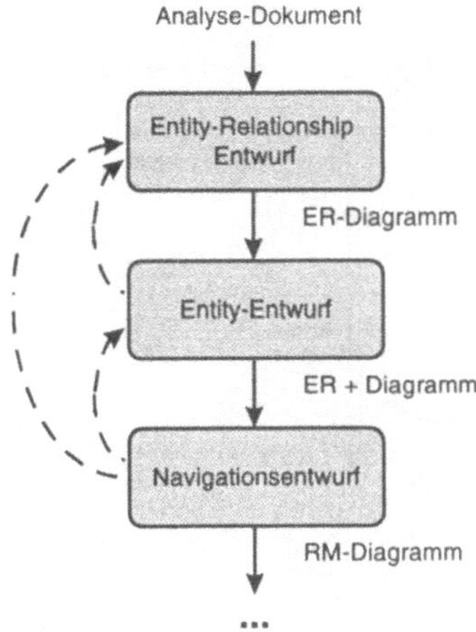

Abbildung 4-7:
Entwurf eines
RMDM [nach
IsSt95, 38]

In Phase 1 wird ein Entity-Relationship Modell erzeugt. Das ERM wurde gewählt, da es den meisten Systemanalytikern bekannt ist und sich bei der Modellierung großer Informationsbereiche als sehr nützlich herausgestellt hat.

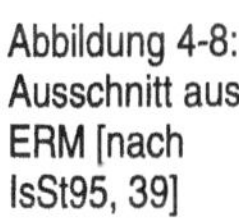

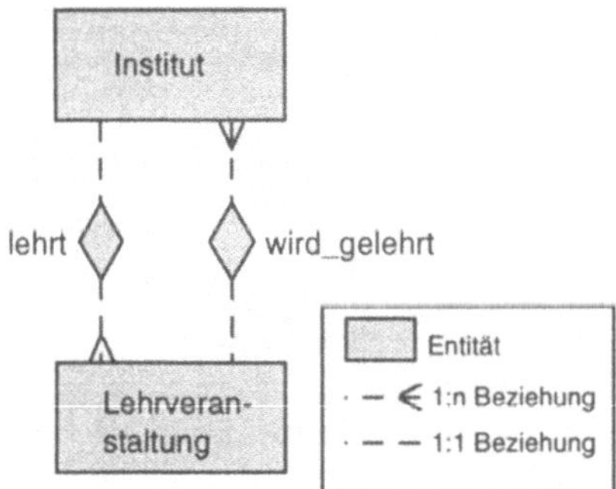

Abbildung 4-8:
Ausschnitt aus
ERM [nach
IsSt95, 39]

Aufbauend darauf wird im Entity-Entwurf festgelegt, wie die Information der jeweiligen Entitäten dargestellt wird und wie auf sie zugegriffen werden kann.

Abbildung 4-9:
Entity-Entwurf für
die Entität
"Institut"
[nach IsSt95, 40]

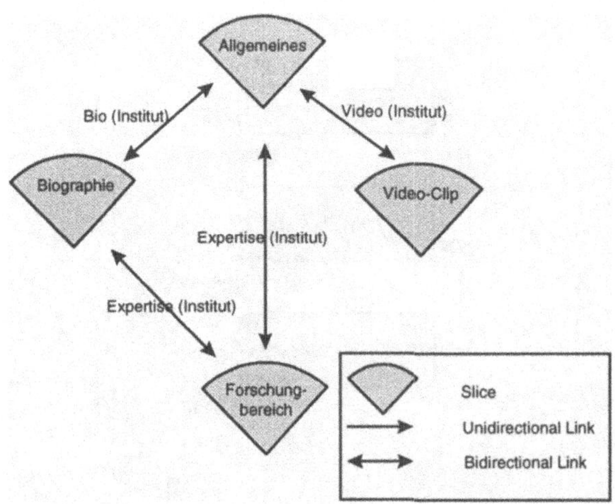

Die Entitäten werden in bedeutungstragende Slices unterteilt und in einem Hypertext-Netz organisiert. Ein oder mehrere Attribute einer Entität werden jeweils zu einem Slice zusammengefaßt. Jede Entität hat einen Head-Slice, der als Eintrittspunkt für Links von außen dient. Zur Navigation zwischen den Slices werden uni- und bidirektionale Links verwendet. Diese Links zwischen den Slices einer Entität werden auch als strukturelle Links bezeichnet. Abbildung 4-8 zeigt den Ausschnitt aus einem ERM, Abbildung 4-9 zeigt die Zerlegung der Entität *Institut* in Slices. Links zwischen Informationsobjekten verschiedener Entitäten werden als assoziative Links bezeichnet. Im Navigationsentwurf werden diese assoziativen Links analysiert und wenn nötig durch RMDM-Zugriffsstrukturen ersetzt. In Abbildung 4-10 wird der Übergang des ER-Modell aus Abbildung 4-8 in ein RMDM dargestellt.

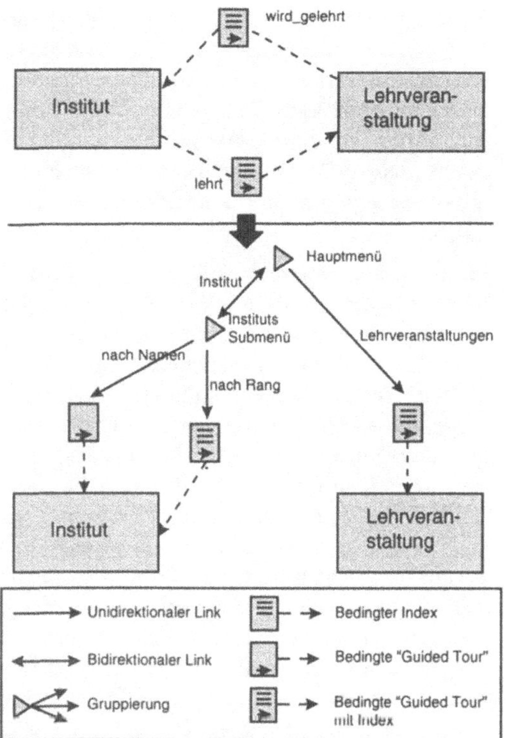

Abbildung 4-10:
Entwicklung
eines RMDM
[nach IsSt95, 40]

RMCase [vgl. auch DiIs95], eine computergestützte Entwicklungsumgebung, unterstützt die Notation der Relationship Management Methodology, und ist in der Lage, die Abfolge der spezifizierten Seiten am Rechner zu simulieren und somit den Entwicklungsprozeß zu unterstützen. Das Werkzeug soll in Zukunft auch HTML-Dokumente generieren.

Durch diese Vorgehensweise ist RMM ebenso wie HDM am besten für *hoch strukturierte Anwendungsbereiche* wie Datenbankschnittstellen oder Produktkataloge geeignet, deren Inhalt oftmaligen Änderungen unterliegt. Sie werden daher auch oft zur Gestaltung von Datenbankschnittstellen eingesetzt. Gerade bei WWW-basierten Informationssystemen ist diese Voraussetzung oft nicht gegeben. Strukturierte Information, wie das bei Datenbank-Gateways der Fall ist, steht neben unstrukturierter Information wie der Abbildung der Firmengeschichte oder der Beschreibung eines Gewinnspieles. Die bisher erwähnten Methoden sind daher oft ungeeignet, um Struktur und Aufbau eines betrieblichen WWW-Informationssystems planen und kommunizieren zu können.

WWW Design Technique

W3DT

In der Praxis werden solche formalen Entwurfsmethoden nur selten eingesetzt. Viele Entwickler beschränken sich auf den Oberflächenentwurf und planen die Knoten und Links des Systems nur sehr bruchstückhaft am Papier. Was ohne den Entwurf der Hypertextstrukturen entsteht, beschreibt Sano folgendermaßen: "The failure to establish logical relationships between information usually translates into pages with too many unrelated choices confronting the user. Often, the advantages of hypertext linking are misunderstood, interpreted as a means to link anytime from anywhere to anything. Inserting links for the sake of linking is a common trait of the web novice. Links are quickly established without careful planning or forethought, simply because it can be done" [siehe Sano96, 87]. Und von Glushko stammt der Satz: "Our own experience and that of other hypertext designers has shown that usability is enhanced by the use of the explicit structure of documents" [siehe Glus89, 299].

Ziele der W3DT

Um diese Strukturen im WWW planen zu können und dem Praktiker ein nützliches Werkzeug für den WWW-Entwurf in die Hand zu geben, wurde vom Autor gemeinsam mit Stefan Nusser an der Abteilung für Wirtschaftsinformatik der Wirtschaftsuniversität Wien *W3DT (WWW Design Technique)* entwickelt. Ziel ist es, dem Entwickler eine einfach zu bedienende, aber hinreichend genaue Methode in die Hand zu geben, um auch große WWW-Systeme planen zu können. Sowohl die Darstellung strukturierter wie auch unstrukturierter Information ist möglich. Die Methode bietet daneben die nötigen Formalismen, um aus den Modellen die werkzeuggestützte Generierung von WWW-Prototypen zu ermöglichen. Der Entwicklung von W3DT ging eine Reihe von Überlegungen voran [vgl. BiNu96a, 1096]:

- Grundsätzliches Ziel war der Entwurf WWW-basierter Informationssysteme. Die Methode sollte daher die Möglichkeiten eines solchen Systems darstellen können.

- Mit der Modellierungsmethode sollte die Dichotomie von strukturierter Information, wie im Falle einer Datenbankschnittstelle, als auch unstrukturiertem Text dargestellt werden.

- Die Methode sollte auf einer graphischen Notation basieren, die sich aus einer sehr beschränkten Anzahl von Elementen zusammensetzt. Die entstehenden Diagramme sollten einfach zu verstehen sein, um sie auch als Kommunikationsmittel zu nicht technisch orientierten Personen verwenden zu können.

- Um die Diagramme übersichtlich und verständlich zu halten, sollte vom Konzept der hierarchischen Verfeinerung Gebrauch gemacht werden. Dadurch kann die Anzahl der Objekte pro Diagramm einfach reduziert und somit übersichtlicher gemacht [vgl. Tayl95, 26 ff.] werden.

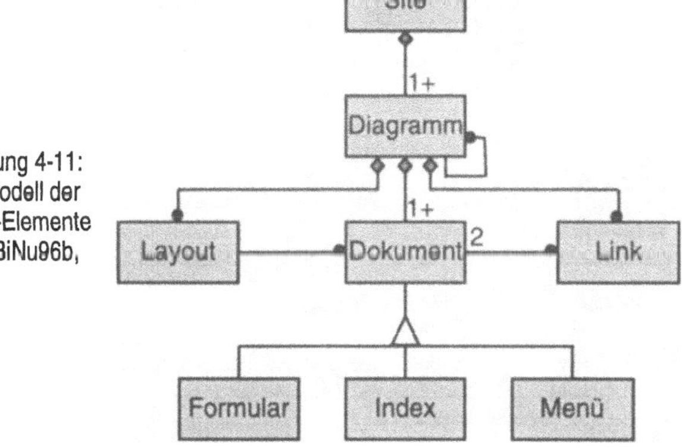

Abbildung 4-11: Metamodell der W3DT-Elemente [nach BiNu96b, 330]

Abbildung 4-11 zeigt ein Metamodell der wichtigsten Elemente von W3DT in Form eines Objektmodells nach OMT [vgl. auch RuBl91]. Eine *Site* ist das grundlegende Konstrukt von W3DT. Die Site stellt das Modell des aktuell betrachteten WWW-Informationssystems dar. Sie besteht aus mindestens einem *Diagramm*, das wiederum aus mehreren Diagrammen aufgebaut sein kann. Ein Diagramm kann aus mehreren Layouts, und Links bestehen und besitzt mindestens ein Dokument. Index, Formular und Menü stellen die verschiedenen Arten von Dokumenten im Diagramm dar. Einfache *Dokumente* sind statische HTML-Dokumente. Dokumente, die Benutzereingaben ermöglichen, werden als *Formular* bezeichnet. Ein *Index* wird verwendet, um eine vollständige Aufzählung von Verweisen, wie zum Beispiel eine Liste von Hypertext-Verbindungen zu Beschreibungen aller Fakultätsmitglieder, zu modellieren. Ein *Menü* hingegen stellt hauptsächlich eine Navigationshilfe dar. Eine WWW-Homepage, ein typisches Beispiel für ein Menü, hat den Zweck, dem Benutzer einfachen Zugriff auf die Hauptthemen des Informationssystems zu geben. All diese Konstrukte haben ein vordefiniertes Layout und können Anker für Hyperlinks sein, die davon ausgehen.

Abbildung 4-12:
W3DT-Elemente

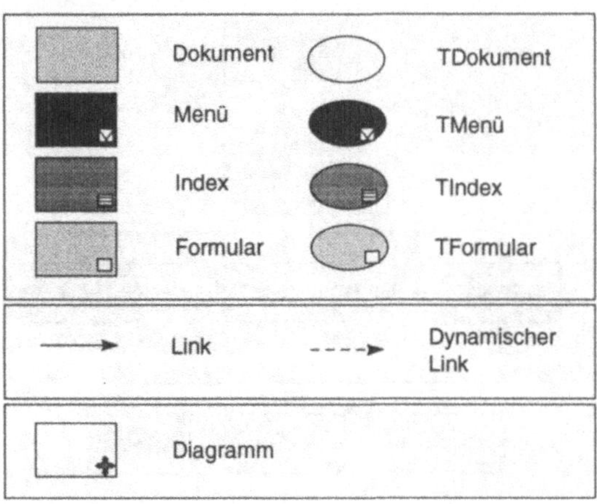

Jedes Element kann sowohl statischer als auch dynamischer Natur (*Schablone*) sein (siehe Abbildung 4-12). Jedes statische Dokument hat ein dynamisches Pendant (TDokument, TFormular, TIndex und TMenü). Eine Schablone kommt dem Konzept eines Entitätstyps aus dem Entity-Relationship Modell sehr nahe. Dokumente, die durch ein Gateway-Skript erzeugt werden und somit jeweils andere Ausprägungen ergeben, werden als Schablone modelliert. Das TDokument "Institutsmitglied" kann beispielsweise verwendet werden, um gleichartige Beschreibungen aller Fakultätsmitglieder darzustellen. Durch Links und Dynamische Links werden im Navigationsentwurf die Zugriffstrukturen des Systems festgelegt. Einfache statische *Links* sind der übliche Weg, um Web-Dokumente zu referenzieren. Ein *Dynamischer Link* bedingt die Ausführung einer Funktion. Das führt zu einer einfachen Regel: Links verweisen auf statische Dokumente, Dynamische Links verweisen auf Schablonen. Aus der Sicht des Benutzers ergibt sich kein Unterschied. Für den Systemanalytiker und Programmierer muß jedoch eine Reihe zusätzlicher Attribute (Pfad, Argumente, Sprache des Programms usw.) der Dynamischen Links festgehalten werden.

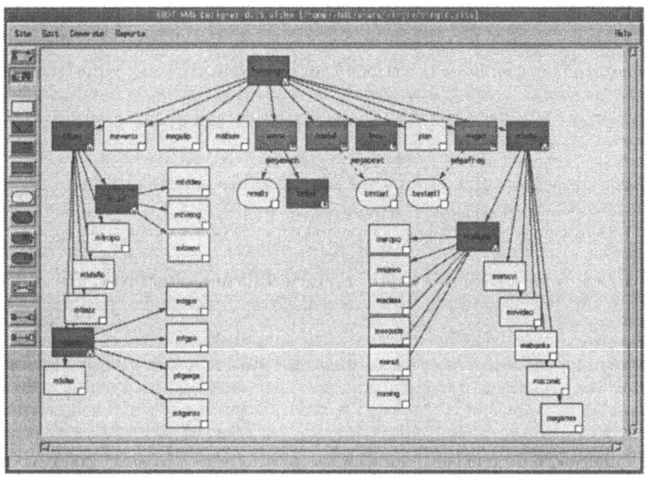

Abbildung 4-13: Beispiel eine W3DT-Modelles in einem computergestützten Entwurfswerkzeug

Bei der Darstellung kommerzieller Web-Sites entstehen große gerichtete Graphen, die das System unübersichtlich machen würden. *Diagramme* ermöglichen die hierarchische Verfeinerung der Graphen, reduzieren somit die Anzahl der Elemente pro Diagramm und machen es leichter verständlich. Durch dieses Konzept können sehr einfach verschiedene WWW-Anwendungen oder Sites miteinander verknüpft werden. Das Modell des WWW-Systems einer Tocherfirma kann somit einfach als Diagramm in das unternehmensweite Modell integriert werden. Jedes Diagramm hat genau einen definierten Eintrittspunkt.

4.4.2   Organisations- und Oberflächenentwurf

Eine sichere Authentifizierung des Client ist eine wichtige Voraussetzung für den betrieblichen Einsatz von WWW-Techniken. Der derzeitige Stand der Technik ist Basic Authentication in Kombination mit SSL. Die Autorisierung erfolgt durch Access Control Lists, meist in Form einer einfachen Textdatei. In Zukunft sollen dazu verstärkt Verzeichnisdienste wie die in Abschnitt 3.3.4 beschriebenen LDAP-Server eingesetzt werden, die eine flexible, serverunabhängige Zugriffskontrolle ermöglichen.

Sicherheits-
modellierung

Die meisten Datenbanken besitzen sehr ausgereifte Zugriffsmechanismen. Eine Reihe von Arbeiten im Bereich des Datenbankentwurfs beschäftigt sich daher mit dem Entwurf solcher Sicherheitskonzepte [vgl. auch Pern95]. Die derzeitigen Möglichkeiten der Zugriffskontrolle im WWW sind vergleichsweise beschränkt. Unabhängig davon ist die Festlegung unternehmensweiter, einheitlicher Zugriffsrechte auf das WWW-Informationssystem auch im WWW-Entwurf ein wichtiger Punkt. Der Systemadministrator hat mit Basic Authentication die Möglichkeit, Benutzer festzulegen und diese zu Benutzergruppen zusammenzufassen. Diese werden ausgehend von den Informationsbedürfnissen der Zielgruppen bestimmt. Ein Benutzer kann dabei Mitglied mehrerer Gruppen sein. Für die verschiedenen Bereiche eines WWW-Informationssystems muß dann festgelegt werden, wer darauf zugreifen darf.

Neuere WWW-Entwurfstechniken versuchen die Beziehungen zwischen Benutzer und IS schon im Entwurf zu berücksichtigen. Takahashi und Liang [vgl. auch TaLi97, 381] verwenden für Informationsstrukturierung und Navigationser.twurf das oben beschriebene RMM und setzen die Szenarioanalyse ein, um zu identifizieren, wer die potentiellen Benutzer sind und auf welche Teile des Systems sie wie zugreifen sollen. Ausgehend von den Zielen jeder Benutzergruppe werden dann die Zugriffsrechte festgelegt. Neumann und Nusser [vgl. auch NeNu97] verwenden ein rollenbasiertes Konzept, wie es oft im Datenbankentwurf verwendet wird. Ein Autorisierungsdienst überprüft bei jedem Zugriff ob der Benutzer die entsprechenden Rechte hat. Die Information die der dazu benötigt wird von einem LDAP-Server abgefragt.

Neben der Festlegung, wer auf die verschiedenen Komponenten zugreifen darf, wird im Organisationsentwurf eine Reihe weiterer Attribute festgelegt, die für die Implementierung und den Betrieb des Systems von Bedeutung sind. Das ist in erster Linie, welche Komponenten den Einsatz *sicherer Datenübertragungsprotokolle* erfordern. Für den laufenden Betrieb des Informationssystems muß auch festgelegt werden, wer inhaltlich für die verschiedenen Komponenten verantwortlich ist.

Oberflächenentwurf

Der letzte Schritt des Entwurfsprozesses ist der *Oberflächenentwurf*, also die Gestaltung der einzelnen HTML-Dokumente. Gerade dieser Schritt trägt entscheidend dazu bei, daß die zahlreichen Komponenten des WWW-Informationssystems vom Benutzer als einheitliches System empfunden werden. Darüber hinaus erleichtert ein einheitliches Erscheinungsbild die Bedienung des Systems enorm. In den meisten Unternehmen wird dazu ein Style-Guide festgelegt, in dem Hintergrund, Kopfzeilen, Fußzeilen, Navigationsleisten und die verwendeten Graphiken standardisiert werden. Der Entwurf dieser Elemente hängt stark vom darzustellenden Inhalt und den gerade aktuellen HTML-Standards ab.

4.4.3   Computergestützter Entwurf von WWW-Informationssystemen

Ein wichtiges Kriterium für eine schnelle und effiziente Anwendungsentwicklung ist der *Einsatz computergestützter Entwurfs- und Entwicklungswerkzeuge*. "Early prototyping prescribed in the design methodology allows for modifications and refinement, before final HTML or graphic production begins" [siehe Sano96, 88]. Gerade das Generieren von Prototypen ist einer der größten Vorteile von CASE-Werkzeugen. Durch diese Prototypen erhält der Entwickler schnelles Feedback auf seine Entwurfsentscheidungen. Die Entwicklung wird dadurch wesentlich effizienter.

In den bisherigen WWW-Entwicklungsumgebungen hat „authoring-in-the-large" kaum eine Rolle gespielt. Sie unterstützen den Entwickler vor allem bei der Erstellung von HTML-Dokumenten und der Anbindung an gängige Datenbanken. Erst in letzter Zeit wird versucht, auch den Aufbau der Hypermedia-Struktur des WWW-Informationssystems darzustellen. Microsofts FrontPage, ein Werkzeug zur Erstellung und Verwaltung von WWW-Sites, NetObjects Fusion von NetObjects [vgl. auch Neto96] oder SchemaText WWW von Schema [vgl. Brau96, 110] stellen erste Bemühungen in diese Richtung dar. SchemaText WWW bietet Authoring-in-the-Large. Gruppen von Dokumenten können zusammengefaßt und hierarchisch verfeinert werden. Den einzelnen Knoten des Hypertexts können Text und Layout zugewiesen werden. NetObjects ermöglicht im SiteStructure Editor die Erstellung von Modellen einer WWW-Site. Die Modelle haben eine streng hierarchische Struktur.

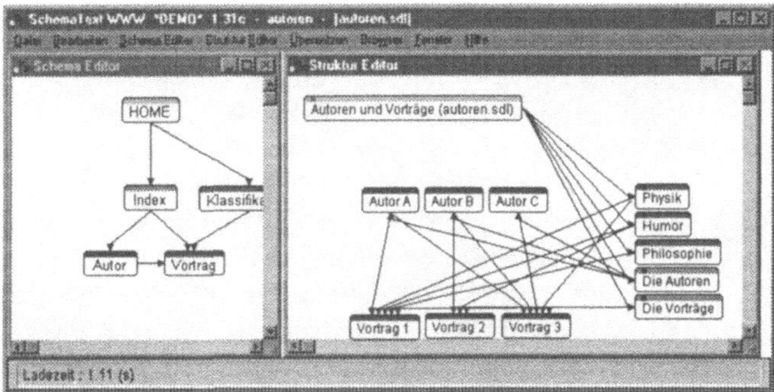

Abbildung 4-14:
Hierarchische
Modellierung von
Web-Sites
mit SchemaText
WWW

Abbildung 4-13 zeigt eine Darstellung des W3DT-WebDesigners, eines Werkzeugs, das den Entwurf von W3DT-Modellen und die Generierung von WWW-Anwendungen unterstützt [vgl. auch BiNu96c]. Es wurde entwickelt, um aus den W3DT-Modellen Prototypen des zukünftigen Informationssystems zu erzeugen. Werkzeuge dieser Art sind aus mehreren Gründen für den Entwicklungsprozeß wichtig:

- Ein graphischen Editor unterstützt den Benutzer beim Erstellen von Modellen.

- Die Modelle können zur Generierung von Prototypen verwendet werden, die einen sehr guten ersten Eindruck des zukünftigen Informationssystems vermitteln. Diese Prototypen sparen viel Zeit bei der endgültigen Entwicklung des Systems.

- Den verschiedenen Komponenten können vordefinierte Layouts zugewiesen werden, die dann bei der Generierung der Prototypen verwendet werden.

- Aus speziellen Attributen zur Wartung oder Sicherheit, die den Elementen zugewiesen sind, können nützliche Berichte für die Administration des zukünftigen Systems generiert werden.

Im folgenden Abschnitt wird der Entwurfsprozeß mit W3DT anhand eines kleinen Beispiels veranschaulicht.

4.4.4   **Beispiel VideoWeb**

VideoWeb stellt das unternehmensweite WWW-Informationssystem eines Videoversandes dar. In der Anforderungsspezifikation wurde festgestellt, daß das System für Kunden eine On-line-Bestellmöglichkeit bieten soll, in der Kunden Videofilme aus der Produktdatenbank aussuchen können. Für die Mitarbeiter sollen die aktuellen Lagerbestände abzufragen sein, um bei Engpässen einen Bestellvorgang einleiten zu können. Der Geschäftsführer will sich die letzten Umsatzentwicklungen ansehen können.

Die ersten Entwurfsschritte bestehen aus Informationsstrukturierung und Navigationsentwurf. Im Navigationsentwurf wird der Interaktionsfluß durch die Informationshierarchien festgelegt. Die spezifizierten Links bestimmen, wie auf die einzelnen Komponenten zugegriffen werden kann. Diese Schritte beschreibt Sano folgendermaßen: "Once the project goals and objectives are established, the appropriate content and range of supported activities are evaluated. From this stage, the web development team continues through stages of evaluation and grouping of information into logical, related categories. The steps include the grouping of information, applying hierarchy and precedence among and within each group, and providing the necessary navigation and support for users to flow through the web site" [siehe Sano96, 94].

Informationsstrukturierung und Navigationsentwurf sind eng miteinander verbunden. Sano orientiert sich dabei hauptsächlich an den Aufgaben der Zielgruppen des Systems. "Focusing on the specific user's task and the needed information should always be a determinate to what links and functionality are provided on a web page. Excessive choices clearly inhibits usability and demands a heavy cognitive load for the user in order to figure out what actions correspond to the appropriate controls" [siehe Sano96, 89]. Hierarchien sind daher für viele Bereiche die geeignetste Art, Information zu strukturieren. "The human eye is able to quickly scan at a higher level and progress further into detail an related information through the use of hierarchies. In complex information-intensive projects, the need for developing hierarchies is a prerequisite to further understanding" [siehe Sano96, 100].

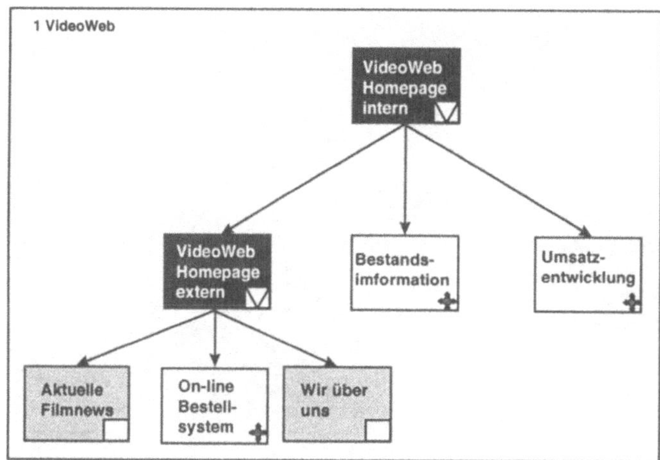

Abbildung 4-15:
W3DT-Modell
VideoWeb

Abbildung 4-15 zeigt, zeigt das Wurzeldiagramm eines W3DT-Modells für VideoWeb. Von der internen Homepage aus, die als Menü modelliert ist, kann man auf die externe Homepage zugreifen, auf ein Modul zur Abfrage der Lagerbestände und eines zur Auswertung der Umsatzzahlen. Die letzteren sind als Diagramm modelliert. Sie stellen unabhängige Komponenten des Informationssystems dar. Diese Diagramme werden wie oben beschrieben, hierarchisch verfeinert und in einem eigenen Modell dargestellt. Von der externen Home-page aus können Kunden aktuelle Filminformation („Aktuelle Filmnews") wie auch Information über das Unternehmen und seine Mitarbeiter („Wir über uns") abrufen. Kernstück ist ein On-line-Bestellsystem, in dem der Kunde nach Videos in der Produktdatenbank suchen kann und diese auch gleich bestellen kann. Das entsprechende Diagramm wird in Abbildung 4-16 gezeigt.

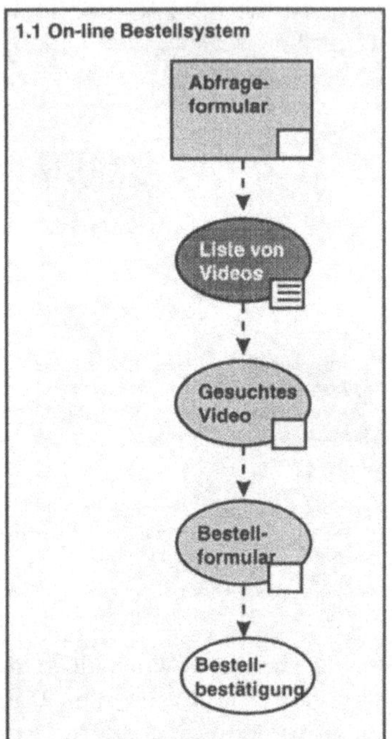

Abbildung 4-16:
W3DT-Modell
des On-line-
Bestellsystems

Über ein Abfrageformular kann man Datensätze aus der Produktdatenbank abfragen. Die Eingabe eines Schauspielsers ergibt beispielsweise eine Liste aller Videos („Liste von Videos"), in denen dieser Schauspieler mitgespielt hat. Da diese Dokumente durch ein Programm generiert werden, das die Datenbank-abfrage ausführt, wird ein Dynamischer Link verwendet. Das Dokument selbst wird als Schablone dargestellt, da sie je nach Eingabe des Benutzers einen anderen Inhalt hat. Diese Liste von Videos, ein Index, enthält Verweise auf eine genaue Beschreibung der einzelnen Videos, die wieder dynamisch generiert werden. Schlußendlich kann man über ein dynamisch erzeugtes Bestellformular das jeweilige Video bestellen.

Im Modell gibt es zwei Benutzergruppen. Zur Gruppe „Leitung" gehören die zwei Geschäftsführer des Unternehmens, zur Gruppe „Mitarbeiter" gehören sämtliche Mitarbeiter inklusive den Geschäftsführern. Jedem der spezifizierten W3DT-Konstrukte kann eine Reihe von Attributen zugewiesen werden. So enthält das Diagramm „Bestandsinformation" folgende Information:

Tabelle 4-1:
Attribute eines
W3DT-
Diagrammes

Zugriffsbeschränkung:	Mitarbeiter
Sichere Datenübertragung:	Ja
Inhaltlich verantwortlich:	Lager
Wartungshäufigkeit:	Gering
Informationsressource:	Produktdatenbank

Auf die Komponente dürfen also nur Mitglieder der Benutzergruppe „Mitarbeiter" zugreifen. Für die Datenübertragung wird ein sicheres Protokoll verwendet. Für die angebotenen Inhalte ist die Lagerabteilung verantwortlich. Für die spätere Organisation ist es oft noch nützlich zu wissen, wie oft der Inhalt der Komponente gewartet werden muß. Das kann bei Dokumenten, die zeitpunktbezogene Information enthalten, oft sehr aufwendig sein. In diesem Fall werden die Dokumente dynamisch aus der Produktdatenbank generiert. Die Wartungsarbeiten sind daher eher gering.

Dieses Kurzbeispiel soll einen Eindruck vermitteln, wie das WWW-Rahmen-konzept eines WWW-Informationssystems mit W3DT entwickelt wird. Das WWW-Rahmenkonzept stellt, wie oben beschrieben, den grundlegenden Bebauungsplan für die betrieblichen Informationssysteme dar und legt die Komponenten fest, die anschließend realisiert werden.

4.5 Realisierung

Die statischen Teile eines WWW-Informationssystems können relativ rasch entwickelt werden. Diese HTML-Dokumente werden mit beliebigen Editoren oder Konvertierungsprogrammen erstellt. Wesentlich aufwendiger ist die Entwicklung der WWW-Anwendungsprogramme. Derzeit stellen WWW-Anwendungsprogramme fast ausschließlich Eigenentwicklungen dar. In jüngster Zeit stehen Unternehmen aber auch hier vor einer „Make-or-Buy"-Entscheidung. Immer mehr Softwarehersteller bringen fertige WWW-Standardanwendungssoftware auf den Markt, die quasi „von der Stange" gekauft wird. Bei der Realisierung der Komponenten stehen einem Unternehmen also mehreren Alternativen zur Verfügung. Lösungen kommen sowohl von den Anbietern von WWW-Software, die mittlerweile fertige WWW-Anwendungen liefern als auch von den Herstellern betriebswirtschaftlicher Standardsoftware, die das WWW als neue Benutzerschnittstelle entdecken.

Als Beispiel dient hier die Realisierung des oben erwähnten On-line-Bestellsystems für VideoWeb. Exemplarisch sollen hier die Angebote von Netscape und SAP gegenübergestellt werden. Abschließend wird der Vorgang der Eigenentwicklung anhand der Entwicklungswerkzeuge des Datenbankherstellers Oracle gezeigt.

4.5.1   Netscape Merchant System

Elektronischer Verkauf ist eine der vielversprechendsten Anwendungen des Internet. Daher ist es nicht verwunderlich, daß On-line-Handelssysteme zu den ersten Anwendungsbereichen gehören, für die fertige Komplettlösungen angeboten werden. Die Produkte mit geringem Programmieraufwand implementiert werden, bieten sichere Internet-Zahlungsmethoden und arbeiten oft mit vorhandenen Warenwirtschafts- oder Abrechnungssystemen zusammen. Einige der wichtigsten Vertreter auf diesem derzeit sehr dynamischen Gebiet sind Oracles Internet Commerce Server, Microsofts Merchant System, NetConsults Intershop Online sowie Netscapes Merchant System. Die Produkte sind in Art und Umfang sehr unterschiedlich. Neben der reinen Bestellfunktion enthalten sie teilweise die komplette Auftragsabwicklung, Lagerverwaltung, die Berechnung von Steuern und Abgaben sowie die Erstellung von Berichten und Statistiken. Netscape ist derzeit einer der größten Hersteller von WWW-Software. Deshalb soll an dieser Stelle kurz das On-line-Handelssystem von Netscape beschrieben werden.

Netscape bietet eine Reihe fertiger WWW-Anwendungen wie das Publishing System, das Community System und das Merchant System an. Über das Merchant System ist es möglich, die Produkte des Unternehmens im WWW darzustellen und Transaktionen über sichere Internet-Protokolle abzuwikkeln. Mit dem Merchant System können mehrere virtuelle Geschäfte nebeneinander betrieben werden. In einem elektronischen Einkaufswagen kann der Kunde Produkte sammeln, die für ihn von Interesse sind. Der Kunde kann die Waren im elektronischen Einkaufskorb jederzeit prüfen und Waren wieder entfernen. Dem Kunden werden Such- und Navigationshilfen zur Verfügung gestellt, um die von ihm gesuchten Produkte zu finden. Auf Wunsch werden die Produkte dann vom Transaction Server des Merchant Systems aufsummiert und über die Kreditkarte abgerechnet. Nachdem der Kunde die benötigten Rechnungs- und Lieferdaten eingegeben hat, wird automatisch eine Rechnung ausgestellt. Diese enthält eine Auftragsnummer und die komplette Information über die Einkäufe. Der Transaction Server verrechnet dabei die entsprechenden Lieferkosten und Steuern. Diese Daten werden gleichzeitig in der Datenbank des Verkäufers gespeichert. Dem Verkäufer bietet das Merchant System zahlreiche Werkzeuge, um das Käuferverhalten zu analysieren. Er kann feststellen, welche Produkte am meisten angesehen und gekauft werden oder wieviele Kunden sich gerade im On-line-Geschäft aufhalten.

Netscape wirbt besonders damit, offene Standards wie HTTP, HTML, SQL und RSA-Verschlüsselung einzusetzen. Die Kommunikation zwischen Client und Server erfolgt über das sichere Protokoll SSL. Die Daten über Produkte und Transaktionen können in einer oder mehreren relationalen Datenbanken gespeichert werden. Der elektronische Einkaufswagen wird über Cookies realisiert. Dadurch kann der Status des

Kunden protokolliert werden. Alle WWW-Anwendungen von Netscape, das Publishing System, das Community System wie auch das Merchant System basieren auf der sogenannten *Netscape Commerce Platform.*

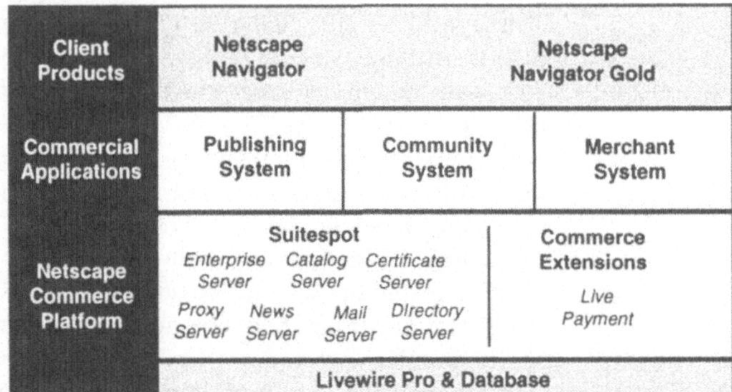

Abbildung 4-17: Aufbau der WWW-Anwendungen von Netscape [nach Nets96b]

Diese besteht aus *Suitespot*, einer Menge von Internet Servern, und den sogenannten *Commerce Extensions*, zu denen das Abrechnungssystem LivePayment gehört. Wichtiger Bestandteil der Commerce Platform ist eine relationale Datenbank und die WWW Entwicklungsumgebung *Livewire Pro.* Die Komponenten dieser Commerce Platform stellen die Dienste zur Verfügung, die von den WWW-Anwendungen benötigt werden. Suitspot besteht aus einem WWW-Server (Enterprise Server), einem SMTP-Server (Mail Server), einem NNTP-Server (News Server), einem Proxy Server und einer Suchmaschine (Catalog Server). Weiters umfaßt Suitespot den Certificate Server, für das Ausgeben und Verwalten von Zertifikaten sowie einen Verzeichnisdienst (Directory Server), in dem in Zukunft Benutzer und Ressourcen des Systems registriert werden. LivePayment stellt ein Abrechnungssystem zur Durchführung von sicheren Zahlungen und Kreditkartentransaktionen im Internet dar. Die Entwicklungsumgebung LiveWire Pro dient zur Verwaltung von WWW-Sites und bietet Werkzeuge zum Erstellen von HTML-Dokumenten und Datenbankanbindungen. Das Netscape Merchant System bietet umfangreiche Funktionalität, mit der das On-line-Bestellsystem des oben beschriebenen VideoWeb relativ schnell implementiert werden kann.

4.5.2   **SAP R/3 Internet Application Components**

Daneben versuchen die traditionellen Anbieter betriebswirtschaftlicher Standardsoftware, wie SAP oder BAAN für ihre Produkte WWW-Schnittstellen zu entwickeln, um deren Funktionalität möglichst vollständig für Internetbenutzer zugänglich zu machen. Für SAP stellt das WWW im wesentlichen eine neue Benutzerschnittstelle dar. Dem Trend zu modularen, interoperablen Softwarekomponenten folgend, mißt man auch den SAP Business Objects große Bedeutung bei. Standardisierte, offene Schnittstellen sollen es für Drittanbieter leichter machen, Komponenten zu erstellen, die mit SAP R/3 interagieren.

Das dreistufige Client-Server-Konzept für SAPs R/3 wird um zwei Stufen in Form eines WWW-Servers und WWW-Browsers erweitert [vgl. Färb96, 19]. Diese Erweiterung entsteht in enger Zusammenarbeit mit Microsoft. Lagerabfragen oder Bestellungen sollen dadurch direkt über das WWW an das R/3-System gestellt werden können. Wie bereits in Abschnitt 3.4.1 beschrieben, besteht die R/3 Internet-Architektur aus den Internet Application Components und dem R/3 Internet Transaction Server. Die R/3 Internet Application Components greifen dabei, wie in Abbildung 3-16 gezeigt, über die sogenannten BAPIs [vgl. Abschnitt 3.4.3.2] auf die R/3-Kernkomponenten zu. Durch den modularen Aufbau sollen wesentlich schneller neue Funktionen in das System integriert werden können. In der Version 3.1 von R/3 sind bereits 25 Internet Application Components enthalten. SAP unterteilt diese in Customer-to-Business-, Business-to-Business- und Intranet-Anwendungen [vgl. SAP96b, 6]. BAPIs stellen die Methoden der SAP Business Objects dar und bilden die Schnittstelle für Internet-Anwendungen ebenso wie für COM/DCOM-Clienten. Die folgende unvollständige Aufstellung von R/3 Internet Application Components soll die Funktionalität des Systems veranschaulichen:

Tabelle 4-2: SAP
R/3 Internet
Application
Components

Komponente	Funktion
Product Catalog	Präsentation der Produkte eines Unternehmens im WWW und Auftragserteilung.
Order Entry for Variant Products	Auftragserteilung für kundenspezifische Produkte. Der Kunde kann die Eigenschaften des Produktes bestimmen.
Electronic Correspondence	Aussenden von Mahnschreiben über das Internet.
Employment Opportunities	Enthält Information für Bewerber. Anzeige freier Stellen und deren Beschreibung.
Special Stock Inquiries	Informationssystem für die Auftragsbearbeitung, Vertragserstellung, Materialbereitstellung etc.
Bank Data Transfer	Ermöglicht den Austausch von Finanz- und Buchhaltungsdaten über das Internet.
Order Status	Überprüfung des Auftragsstatus.
Who is Who	Bietet Information über die Mitarbeiter des Unternehmens wie Internetadressen, Telefonnummern, Faxnummern etc.
Ad Hoc Reports	Erzeugt Ad-hoc-Berichte über Finanzdaten, Projekte etc.
Integrated Inbox	WWW-Schnittstelle zur Integrated Inbox mit Workflow- und Mailfunktionalität.

Unternehmen, die R/3 bereits einsetzen und ein Bestellsystem im WWW realisieren wollen, finden umfangreiche Funktionalität, die sehr gut auf das bestehende Informationssystem abgestimmt ist. Für das oben erwähnte Beispiel eines Online-Bestellsystems bietet SAP beispielsweise die Internet Application Component *Product Catalog* oder *Order Entry for Variant Products*.

4.5.3 Eigenentwicklung mit Oracle CASE-Werkzeugen

Die meisten Hersteller von Entwicklungswerkzeugen bieten mittlerweile Produkte für die Entwicklung WWW-basierter Anwendungen oder Java-Applets an. In ähnlicher Weise versuchen die Hersteller ihren Kunden Werkzeuge zur Anbindung ihrer Datenbank an das WWW zur Verfügung zu stellen. Oracle ist der derzeit größte Hersteller relationaler Datenbanken und ein wichtiger Anbieter von Client-Server-Entwicklungswerkzeugen. Abb. 4-18 zeigt die IT-Architektur des Oracle WebServers 2.1. Der WWW-Browser schickt einen HTTP-Request an den sogenannten WebListener von Oracle oder alternativ dazu an den Web-Server eines anderen Herstellers. Dieser holt statische HTML-Dokumente aus dem Dateisystem und kann auch über das Common Gateway Interface Parameter an ein Gateway-Programm weitergeben.

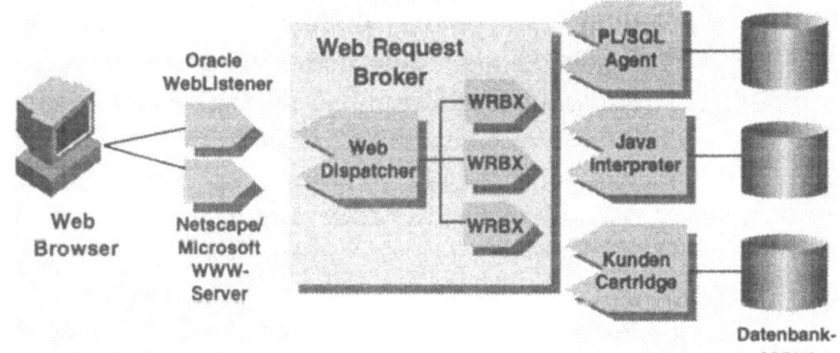

Abbildung 4-18: Aufbau des Oracle Web-Systems [nach Orac96a]

Datenbankanwendungen werden über den Web Request Broker aufgerufen. Dabei handelt es sich um einen Dispatcher der mehrere Datenbankanwendungen quasi parallel bearbeiten kann. Oracle nennt diese WWW-Anwendungen Cartridges und bietet zu deren Entwicklung unter anderem PL/SQL, eine prozeduralen Erweiterung von SQL, oder Java an.

Die mit Hilfe des PL/SQL Web Toolkits entwickelten Module werden als Stored Procedures von der Datenbank verwaltet. Die Anwendungslogik liegt also im Gegensatz zu herkömmlichen CGI-Skripts in der Datenbank. Der Oracle Web Server beinhaltet auch eine Java Virtual Machine. Mehrere mitgelieferte Java Klassen ermöglichen die Implementierung von Internet-Servern in Java sowie den bequemen Aufruf von PL/SQL Prozeduren, die im Datenbankserver gespeichert sind. Diese PL/SQL-Packages können entweder selbst erstellt oder mit dem Designer/2000, dem CASE-Werkzeug von Oracle, generiert werden.

Der Designer/2000 wird in zahlreichen Unternehmen eingesetzt, um Client-Server-Anwendungen zu erstellen. Er unterstützt den Entwicklungsprozeß von der Analyse bis zur Realisierung. Zur Erstellung der Benutzerclients wird meist die Programmiersprache Oracle Forms eingesetzt. Serverseitig generiert das CASE-Werkzeug PL/SQL-Skripts, mit denen die Datenbankobjekte wie Tabellen, Views, Trigger oder Stored Procedures erzeugt werden. Die Methoden, die zur Entwicklung von WWW-Datenbankanwendungen eingesetzt werden, unterscheiden sich dabei kaum von der konventionellen Softwareentwicklung. Der Entwickler bleibt in seiner gewohnten Umgebung. Anstatt den bisher erzeugten Oracle Forms Modulen werden aber jetzt umfangreiche PL/SQL-Packages generiert, die dynamisch HTML-Code erzeugen. Die generierten Anwendungen basieren auf dem Modul- und Datenbankentwurf, der im Designer/2000 festgelegt wurde. Abbildung 4-19 gibt einen Überblick über die verwendeten Werkzeuge, den Designer/2000, das PL/SQL beziehungsweise Java Web Toolkit sowie die WebServer Generator Package Library, das sind mehrere vom Designer/2000 verwendete PL/SQL-Packages.

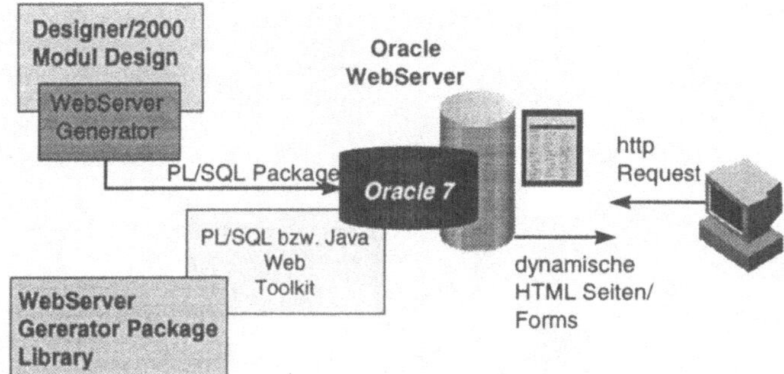

Abbildung 4-19:
Entwicklung von
WWW-Anwen-
dungen [nach
Orac96b]

Im folgenden sollen die wichtigsten Schritte bei der Erstellung des Bestellsystems gezeigt werden. Die Entwufsmodelle
sowie die Screenshots des laufenden Systems entstammen aus
einem Gemeinschaftsprojekt der Abteilung für Wirtschaftsinformatik der Wirschaftsuniversität Wien mit dem Videover-
sand TaurusVideo.

Abbildung 4-20 zeigt das Entity-Relationship-Modell der Produktdatenbank, die der WWW-Anwendung zugrundeliegt, in
der Notation nach Barker [vgl. auch Bark90].

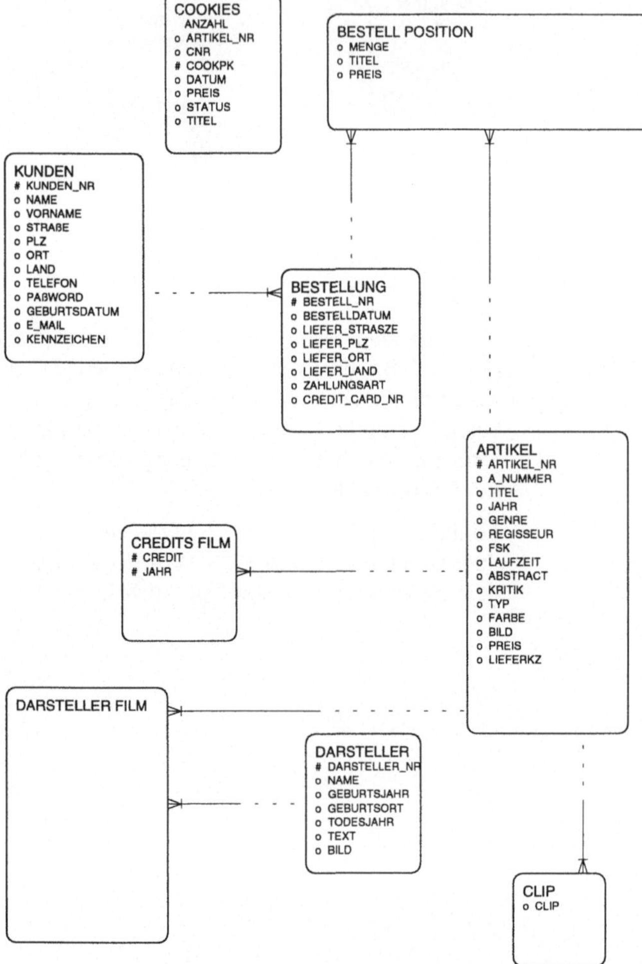

Abbildung 4-20:
Entity Relation-
ship-Modell der
Produkt-
datenbank

Die Entitätstypen Artikel und Darsteller enthalten Information über die angebotenen Videofilme beziehungsweise die Darsteller, die in diesen Filmen mitspielen. In der Datenbank sind auch Auszeichnungen (Credits_Film) und Videoclips (Clips) der Filme gespeichert. Daten über die erfolgten Bestellungen und die Kunden werden ebenfalls festgehalten. Abbildung 4-21 zeigt ein Modul-Datendiagramm, in dem festgelegt wird, wie das Modul zur Suche nach Videos in der Datenbank auf die entsprechenden Tabellen zugreift, das heißt, welche Attribute verwendet werden und welche Operationen darauf ausgeführt werden.

Abbildung 4-21:
Modul-Datendiagramm der
Suchfunktion

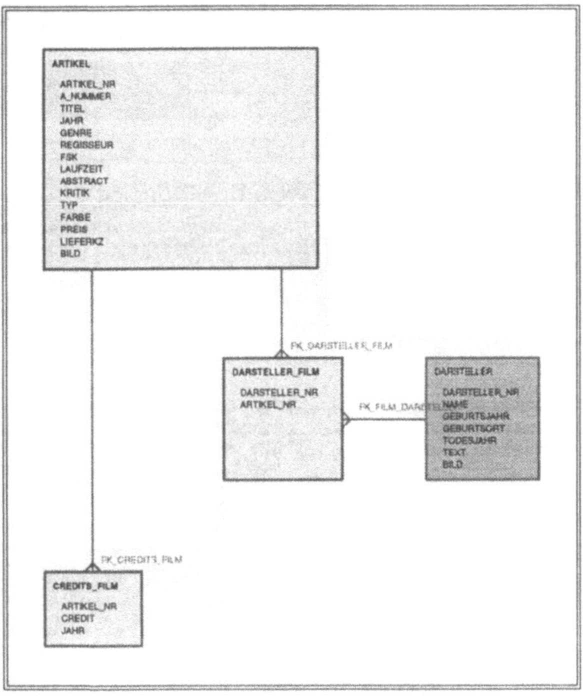

Die drei Screenshots In Abbildung 4-22 zeigen einen Sequenz von HTML-Dokumenten, die aus der Spezifikation des Abfragemoduls in Abbildung 4-21 generiert wurde. Die umfangreiche Funktionalität zur Bestellung von Videos (Einfügen und Bestellen von Kundendaten) kann in ähnlicher Weise vom CASE-Werkzeug generiert werden. Die Verwaltung des virtuellen Warenkorbes muß zusätzlich programmiert werden. In

Zukunft soll der Oracle Web Application Server selbst zusammengehörige Transaktionen über Cookies [vgl. Orac97], verwalten.

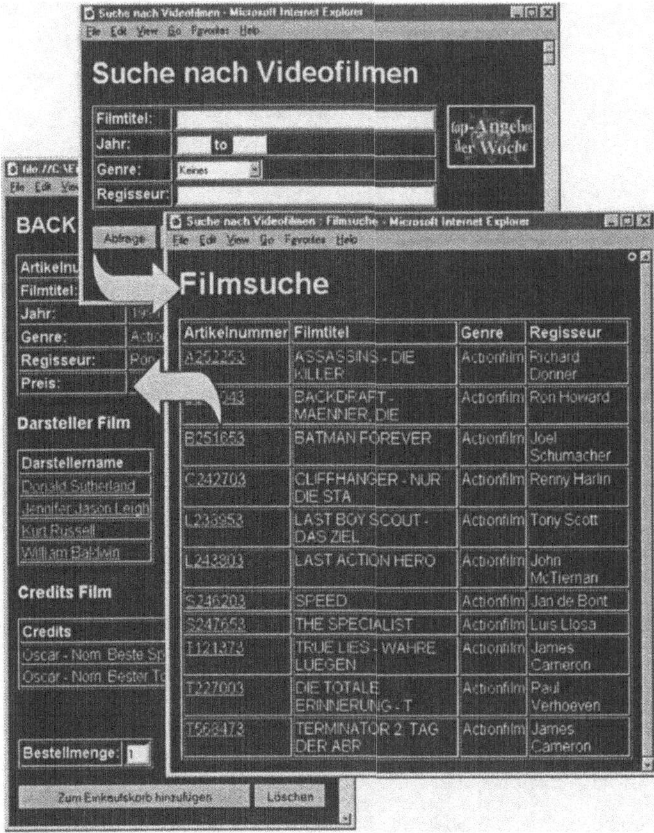

Artikelnummer	Filmtitel	Genre	Regisseur
A252253	ASSASSINS - DIE KILLER	Actionfilm	Richard Donner
...043	BACKDRAFT - MAENNER, DIE	Actionfilm	Ron Howard
B251653	BATMAN FOREVER	Actionfilm	Joel Schumacher
C242703	CLIFFHANGER - NUR DIE STA	Actionfilm	Renny Harlin
L236953	LAST BOY SCOUT - DAS ZIEL	Actionfilm	Tony Scott
L243303	LAST ACTION HERO	Actionfilm	John McTiernan
S246203	SPEED	Actionfilm	Jan de Bont
S247653	THE SPECIALIST	Actionfilm	Luis Llosa
T121273	TRUE LIES - WAHRE LUEGEN	Actionfilm	James Cameron
T227003	DIE TOTALE ERINNERUNG - T	Actionfilm	Paul Verhoeven
T568173	TERMINATOR 2 TAG DER ABR	Actionfilm	James Cameron

Abbildung 4-22: Abfolge von HTML-Dokumenten bei der Suche nach Videofilmen

Die derzeitigen Werkzeuge sind teilweise noch unausgereift. In Kürze sollen mit den CASE-Werkzeugen von Oracle komplette WWW-Anwendungen generiert werden können. Dabei kommen auch Java-Applets zum Einsatz, um die Funktionalität der Clients zu verbessern. Der Oracle WebServer wird zukünftig als unternehmensweiter Anwendungs-Server positioniert, der über IIOP, HTTP oder SQL Zugriff auf die verschiedensten Anwendungen und Datenbanken des Unternehmens gewährt (siehe Abbildung 4-23).

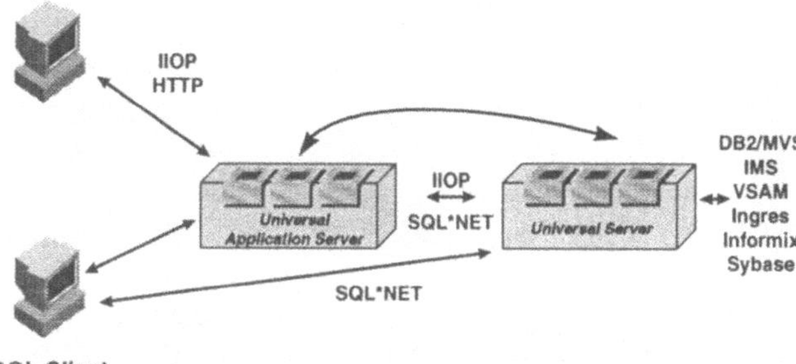

Abbildung 4-23:
Zukünftiger
Aufbau von
Oracle WWW-
Anwendungen
[nach Orac96c]

Die Eigenentwicklung solcher WWW-Anwendungen erfordert das entsprechende Wissen über die Entwicklungswerkzeuge und benötigt mehr Zeit als der Einsatz fertiger Softwarelösungen. Für viele Bereiche benötigt man allerdings maßgeschneiderte Lösungen, deren Funktionalität durch Standardpakete nicht abgedeckt werden kann. Welche der oben beschriebenen Alternativen zur Implementierung von WWW-Anwendungen die geeignetere ist, kann natürlich nicht allgemein beantwortet werden. Die Entscheidung hängt sehr stark von den jeweiligen Voraussetzungen des Unternehmens und dessen Anforderungen ab.

Die beschriebenen Ansätze verwenden in wichtigen Bereichen standardisierte, offene Protokolle und Schnittstellen. Von der Vorstellung eines modular aufgebauten Informationssystems, in dem die Komponenten unterschiedlicher Hersteller einfach miteinander kombinierbar und austauschbar sind, ist man trotzdem noch weit entfernt. Wie die obigen Beispiele zeigen, versuchen die Hersteller durch eigene Web-Server-APIs und eigene Programmiersprachen den Kunden wieder an herstellerspezifische Softwareprodukte zu binden.

5 Ausblick

> *„The information highway will generate a higher volume of transactions than anything has to date ..."*
> *Bill Gates [siehe OrHa96, 5]*

Der Einsatz von Internet- und WWW-Techniken im Unternehmen wird ähnliche Auswirkungen auf die betriebliche Informationsverarbeitung haben wie der Umstieg von Großrechnern auf Client-Server-Architekturen. Er stellt eine der größten Herausforderungen für das Informationsmanagement in den nächsten Jahren dar. Es ist daher wichtig die damit verbundenen Änderungen zu verstehen und entsprechende Methoden für die Einführung von WWW-Informationssystemen zu entwickeln. Die vorliegende Arbeit soll eine Grundlage dafür geben und einen Rahmen für zukünftige Forschungsarbeiten abstecken.

Eine Reihe offener Fragen sind derzeit noch im Bereich der Anforderungsanalyse zu finden. Speziell bei nach außen gerichteten Masseninformationssystemen ergibt sich das Problem, daß die Benutzerbedürfnisse nur schwer erfaßt werden können. Es werden also zusätzlich zum bereits bekannten Instrumentarium Methoden benötigt, um diese Bedürfnisse zu erfassen. Die Modellierung der Hypermediastruktur von WWW-Informationssystemen nimmt stark an Bedeutung zu. Das zeigt unter anderem die Integration solcher Modellierungsmethoden in kommerziell erhältliche WWW-Entwicklungsumgebungen. Der Umfang und die Komplexität der dabei entstehenden Modelle ist nicht zu unterschätzen.

Die derzeit verbreitetsten Systeme zur Modellierung betrieblicher Informationssystem-Architekturen stellen Methoden für die Darstellung von Daten, Funktionen, Aufbau- und Ablauforganisation zur Verfügung. Eine wichtige Aufgabe ist hier die Integration von Hypermedia-Modellierungsmethoden mit vorhandenen Modellierungswerkzeugen. Die Modellierung der WWW-Struktur als integrierende Sichtweise des Informationssystems sollte ein fixer Bestandteil bei der Entwicklung betrieblicher WWW-Informationssysteme sein.

In Hinblick auf die große Anzahl der Benutzer unternehmensweiter WWW-Informationssysteme, wie auch auf die neuen Möglichkeiten der Client-Authentifizierung, müssen zukünftige WWW-Modellierungsmethoden auch Möglichkeiten zur Sicherheitsmodellierung vorsehen, mit denen die Rechte der Benutzer auf die verschiedenen Bereiche des WWW-Informationssystems festgelegt werden können.

Nicht zuletzt können WWW-Referenzmodelle, ähnlich wie Design Patterns in der Softwareentwicklung, dem Entwickler eine Leitline geben, wie konkrete WWW-Projekte umgesetzt werden. Bisherige Referenzmodelle haben sich vor allem auf die Funktionen, Daten und Prozesse einer bestimmten Branche konzentriert [vgl. auch Mare95 und Sche95]. Sie stellen ein konzeptionelles Geschäftsbereichsmodell für ein idealtypisches Unternehmen eines Wirtschaftszweiges dar. Je nach Wirtschaftszweig kann so das Wissen über erfolgreiche WWW-Projekte weitergegeben werden. Die Entwicklung eines konkreten WWW-Informationssystems wird dadurch wesentlich vereinfacht.

Schließlich werden in nächster Zukunft verstärkt fertige WWW-Anwendungen auf den Markt kommen. Die oben beschriebenen Softwarelösungen für On-line-Verkaufssysteme geben einen Eindruck wie solche Lösungskomponenten aussehen. Große WWW-Informationssysteme können dadurch nach dem Baukastenprinzip zusammengestellt werden.

6 Literatur

[Andr96a]
Andreessen, M.: LDAP: Leading the Way to Universally Accessible Directories (12. 11. 1996). In: http://www.netscape.com/comprod/columns/techvision/ldap.html

[Andr96b]
Andreessen, M.: TechVision: IIOP (31.10.1996). In: http://www.netscape.com

[BaBe96]
Back, S.; Beier, S.; Bergius, K; Majorczyk, P.: Professionelle Java-Programmierung - Leitfaden für Entwickler. Bonn 1996.

[BaHa95]
Barta, R. A.; Hauswirth, M.: Interface-parasite Gateways. In: World Wide Web Journal. Boston 1995.

[Bark90]
Barker, R.: CASE * METHOD: Entity Relationship Modelling. Reading 1990.

[Beka96]
Bekavac, B.: Der findet - WWW-Suchmaschinen und -Kataloge. In: iX (1996) 7, S. 102 - 109.

[Bern90]
Berners-Lee, T.; Caillian, R.: World-Wide Web: Proposal for a HyperText Project. CERN Memo, Genf 1990.

[Bern96]
Berners-Lee, T.: Principal of Universal Readership (26. 12. 1996). In: http://www.buptnet.edu.cn/camnet/Using_html/chap13b1.html

[Bichl96]
Bichler, M.: Hyperbase- World Wide Web: Basis für betriebliche Anwendungen. In: iX (1996) 8, S. 44 - 50.

[BiNu96a]
Bichler, M.; Nusser, S.: SHDT - The Structured Way of Developing WWW-Sites. In: Proceedings of the ECIS 96. Lissabon 1996, pp. 1093 - 1101.

[BiNu96b]
Bichler, M.; Nusser, S.: Modular Design of Complex Web-Applications with W3DT. In: Proceedings of the Fifth Workshops on Enabling Technologies: Infrastructure for Collaborative Enterprises. Stanford 1996, pp. 328 - 333.

[BiNu96c]
Bichler, M.; Nusser, S.: Developing structured WWW-sites with W3DT. In: Proceedings of the WebNet - World Conference of The Web Society, San Francisco 1996.

[BiNu96d]
Bichler, M.; Nusser, S.; Hermandinger, R.; et al.: W3DT - World Wide Web Design Technique (16.1. 1997). In: http://wwwi.wu-wien.ac.at/w3dt/

[Boeh88]
Boehm, B. W.: A Spiral Model of Software Development and Enhancement. In. IEEE Computer (1988) 21, S. 61-72.

[Born96]
Born, A.: Auf dem Sprung. R/3 begibt sich ins World Wide Web. In: iX (1996) 8, S. 36.

[Brau96]
Brauer, K.: Schema F - Hypertexte effizient erstellen. In: iX (1996) 11, S. 110.

[Cheo96]
Cheong, F.-C.: Internet Agents - Spiders, Wanderers, Brokers, and Bots. Indianapolis 1996.

[ChSc96]
Chang, J. W.; Scott, C. T.: Agent-based Workflow: TRP Sup-

port Environment (TSE). Fifth International World Wide Web Conference. Paris 1996, (16. 8. 1996). In: http://www5conf. inria.fr/fich_html/papers/P53/Overview.html

[Comp96]
N.N.: Ein ständiges Auf und Ab. In: Computerwelt (1996) 1-2, S. 10.

[Comp97]
N.N.: Computerwoche. CW-Studie Intranet (20. 5. 1997) In: http://www.computerwoche.de/buecher/index.html.

[Crof95]
Croft, W. B.: NSF Center for Intelligent Information Retrieval. In: Communications of the ACM 38 (1995) 4, pp. 42 - 43.

[DeYo90]
DeYoung, L.: Linking Considered Harmful. In: Proceedings of the ECHT'90 European Conference on Hypertext . Cambridge 1990.

[DiIs95]
Diaz, A; Isakowitz, T.; Maiorana, V.; Gilabert, G.: RMC: A Tool To Design WWW Applications. In: Fourth International World Wide Web Conference, Boston 1995. (5. 3. 1996) In: http://www.w3.org/pub/Conferences/WWW4/Papers/187/.

[DoKa96]
Dossick, S. E.; Kaiser, G. E.: WWW Access to Legacy Client/Server Applications. Fifth International World Wide Web Conference, Paris 1996. (5. 3. 1996) In: http://www5conf. inria.fr/fich_html/papers/P4/Overview.html

[Duan96]
Duan, Nick N.: Distributed Database Access in a Corporate Environment Using Java. Fifth International World Wide Web Conference, Paris 1996 (5. 3. 1996). In: http://www5conf. inria.fr/fich_html/papers/P23/Overview.html

[Eich93]
Eichler, B.: Informations- und Vermittlungsdienste in offenen verteilten Systemen. Wien 1993.

[ElNa89]
Elmasri, R., Navathe, S. B.: Fundamentals of Database Systems. Redwood City 1989.

[EmGr96]
Emmerson, B.; Greetham, D.: Teamwork on the Net - Adaptive multimedia applications will aid collaborative work. In: Byte (1996) 7, pp. 9 - 12.

[Fabe93]
Faber, W.: Hypermediale Lernssysteme. In: Rolf Eschenbach (Hrsg.): Forschung für die Wirtschaft - Im Mittelpunkt: der Mensch. Wien 1993.

[Färb96]
Färbinger, P.: Ein Netz für Betriebe. In: Industrie (1996) 10. S. 16 - 19.

[Feye86]
Feyerabend, P.: Wider den Methodenzwang, Frankfurt 1986.

[Fisc96]
Fischbach, R.: Kalter Kaffee - Java: Programmiersprache der Zukunft? In: iX (1996) 10, S. 84 - 89.

[FiHe96]
Fischer, K.; Heimig, I.; Kocian, C.; Müller, J.-P.: Intelligente Agenten für das Management Virtueller Unternehmen. In: Information Management 11 (1996) 1, S. 38 - 45.

[GaPa93]
Garzotto, F.; Paolini, P.; Schwabe, D.: HDM - A Model-Based Approach to Hypertext Application Design. In: ACM Transactions on Information Systems 11 (1993) 1, S. 1 - 26.

[GeKe94]
Genesereth, M. R.; Ketchpel, S. P.: Software Agents. In: Communications of the ACM 37 (1994) 7, pp. 48 - 53.

[Glus89]
Glushko, R. J.: Design Issues for Multi-Document Hypertexts. Hypertext '89 Proce edings. pp. 51 - 59.

[Groc95]

Grochow, J. M.: Client/server's future is on the Web. Computerworld 30(1995)1, p. 14.

[GVU96]

N. N.: GVU's WWW User Surveys (10. 10. 1996). http://www.cc.gatech.edu/gvu/user_surveys/

[Hans94]

Hansen, H. R.: Conceptual framework and guidelines for the implementation of mass information systems. In: Information & Management 28 (1995) 1, S. 125-142.

[Hans96a]

Hansen, H. R. u. a.: Klare Sicht am Info-Highway, Geschäfte via Internet & Co. Wien 1996.

[Hans96b]

Hansen, H.R.: Geschäftspotentialanalyse für neue interaktive Dienste in Österreich - Ergebnisse einer Haushalts- und Unternehmensbefragung. In: Der Wiener IT-Kongreß 96, "Globale Informationsverarbeitung - Auswirkungen der Internationalisierung", Band 1. Wien 1996.

[Hans96c]

Hansen, H. R.: Wirtschaftsinformatik I - Grundlagen betrieblicher Informationsverarbeitung, 7. Auflage. Stuttgart 1996.

[HaSc94]

Halasz, F.; Schwartz, M.: The Dexter Hypertext Reference Model. Communications of the ACM 37 (1994) 2, pp. 30 - 39.

[HaSc95]

Hansen, H.R.; Schweeger, Th.; unter Mitarbeit von Derbuch, A.; Drimmel, Ch.; Fernböck, W.; Fichtinger, E.; Freygner, A.; Gorgesth, K.; Hanke, Ch.; Hörner, H.; Kalt, M.; Mayr, J.; Nitsch, M.; Schuster, A.: Analyse der informationstechnischen Infrastruktur, ihrer Nutzung und des Geschäftspotentials für interaktive Dienste in österreichischen Privathaushalten. Eigenverlag der Abteilung für Wirtschaftsinformatik. Wirtschaftsuniversität Wien 1995.

[Hofm95]
Hofmann, M.: Problemlösung Hypertext. München 1995.

[HoSh96]
Van Hoff, A.; Shaio, S.; Starbuck, O.: Hooked on Java - Creating Hot Web Sites with Java Applets. Reading et al. 1996.

[IsBi96]
Isakowitz, T.; Bieber, M. P.: Introduction to the Special Issue: Hypermedia in Information Systems and Organizations. In: Journal of Organizational Computing and Electronic Commerce 6 (1996) 3, pp. iii - vii.

[IsSt95]
Isakowitz, T.; Stohr, E. A.; Balasubramanian, P.: RMM: A Methodology for Structured Hypermedia Design. In: Communications of the ACM 38 (1995) 8, S. 34 - 43.

[KaWh96]
Kalakota, R.; Whinston, A. B.: Frontiers of Electronic Commerce. Reading 1996.

[KaSc96]
Kappel, G.; Schrefl, M.: Objektorientierte Informationssysteme. Konzepte - Darstellungsmittel, Methoden. Wien 1996.

[Keri96]
Kerievsky, J.: The Web Charms CORBA. In: Visual Developer 7 (1996) 2, pp. 23 - 27.

[Kirn96]
Kirn, S.: Kooperativ-Intelligente Softwareagenten. In: Information Management 11 (1996) 1, S. 18 - 28.

[KiSc95]
Kiessling, U.; Schweeger, T.; Sporn, B.: Nutzen des Internet für österreichische Unternehmen. Eigenverlag der Abteilung für Wirtschaftsinformatik. Wirtschaftsuniversität Wien 1995

[Klut96]
Klute, R.: Das World Wide Web - Web-Server und -Clients, HTML 2.0/3.0, HTTP. Bonn 1996.

[Krcm90]
Krcmar, H.: Bedeutung und Ziele von Informationssystem-Architekturen. In: Wirtschaftsinformatik 32 (1990) 5, S. 395 - 402.

[Kyas96]
Kyas, O.: Sicherheit im Internet - Risikoanalyse, Strategien, Firewalls. Pulheim 1996.

[Lang96]
Lange, D. B.: An Object-Oriented Design Approach for Developing Hypermedia Information Systems. In: Journal of Organizational Computing and Electronic Commerce 6 (1996) 3, pp. 269 - 293.

[LeHi95]
Lehner, F.; Hildebrand, K.; Maier, R.: Wirtschaftsinformatik - Theoretische Grundlagen. München 1995.

[LePe96]
Lemay, L.; Perkins, C. L.: Teach yourself Jave in 21 days. Indianapolis 1996.

[Levy93]
Levy, J.: "The world in a Web". In: The Guardian, 11. 11. 1993.

[LiPe94]
Liu, C.; Peek, J.; Jones, R.; Buus, B.; Nye, A.: Managing Internet Information Services. Sebastopol 1994.

[Mare95]
Marent, Ch.: Werkzeuggestützte Referenzmodellierung für den Handel. Dissertation, Wien 1995.

[Maur96]
Maurer, H.: Hyper-G now Hyperwave - The next generation Web solution. Edinburgh 1996.

[Merz96]
Merz, M.: Elektronische Märkte im Internet. Bonn 1996.

[MeSc96]
Mertens, P.; Schumann, P.: Electronic Shopping - Überblick,

Entwicklungen und Strategie. In: Wirtschaftsinformatik 38 (1996) 5.

[NaNa95]
Nanard, J.; Nanard, M.: Hypertext Design Environments and the Hypertext Design Process. Communications of the ACM 38 (1995) 8, S. 49 - 56.

[NeNu97]
Neumann, G.; Nusser, S.: A Framework and Prototyping Environment for a W3 Security Architecture. In: Proceedings of Communications and Multimedia Security'97, Athen 1997.

[Nels81]
Nelson, T.: Literary Machines. Sausalito 1981.

[Nets96a]
N. N.: An Internet Approach to Directories (11. 11. 1996). In: http://www.netscape.com/newsref/ref/ldap.html

[Nets96b]
N. N.: Netscape Commerce Products (26. 12. 1996). In: http://home.netscape.com/comprod/products/iapps/

[Nets96c]
N. N.: Netscape LivePayment White Paper (27. 12. 1996). In: http://www.netscape.com/comprod/products/iapps/platform/livepay_white_paper.html

[Netw97]
N. N.: Network Wizards Internet Domain Survey (16. 1. 1997). http://www.nw.com/zone/WWW/report.html

[NSF96]
N. N.: NSF Announces Awards for Digital Libraries Research (12. 3. 1996). In: http://http.cs.berkeley.edu/~wilensky/proj-html/nsf-press-release.html

[Nuss96]
Nusser, S.: Kommerzielle Nutzung von Telekommunikationsdiensten. Foliensammlung zur gleichnamigen Lehrveranstaltung an der Abteilung für Wirtschaftsinformatik. Wien 1996.

[Nuss97]
Nusser, S.: Kommerzielle Nutzung des Internet. In: Foliensammlung zu gleichnamigem Tutorium der Tagung Wirtschaftsinformatik '97. Wien 1997.

[ÖsBr91]
Österle, H.; Brenner, W.; Hilbers, K.: Unternehmensführung
und Informationssysteme - Der Ansatz des St. Galler Informa-
tionssystem-Managements. Stuttgart 1991.

[Orac96a]
N. N.: Collateral - Oracle WebServer Release 2.1 (26. 12.
1996).   In: http://www.oracle.com/products/websystem/
webserver/html/ows21_datasheet.html

[Orac96b]
N. N.: Oracle Designer/2000 WebServer Generator - Technical
Overview (26. 12. 1996). In: http://www.oracle.com/ pro-
ducts/tools/des2k/collateral/collat.html

[Orac96c]
N. N.: Oracle Network Computing Architecture (26.12. 1996).
In: http://www.oracle.com/products/websystem/

[OrHa94]
Orfali, R.; Harkey, D.; Edwards, J.: Essential Client/Server
Survival Guide. New York 1994.

[OrHa96]
Orfali, R.; Harkey, D.; Edwards, J.: The Essential Distributed
Objects Survival Guide. New York et al. 1996.

[OrHa97]
Orfali, R.; Harkey, D.: Client/Server Programming with Java
and CORBA. New York et al. 1997.

[ÖsRi96]
Österle, H.; Riehm, R.; Vogler, P.: Middleware - Grundlagen,
Produkte und Anwendungsbeispiele für die Integration hete-
rogener Welten. Braunschweig 1996.

[Oste95]
Osterloh, M.: Gedanken zur Wissenschaftstheorie. In: Wäch-

ter, E. (Hrsg.): Tagungsband zum Workshop der Kommission „Wissenschaftstheorie". Trier 1994.

[Öste95]
Österle, H.: Business Engineering - Prozeß- und Systementwicklung. Berlin et. al. 1995.

[Pern95]
Pernul, G.: Semantische Objektmodellierung anwendungsorientierter Informationssysteme vom Standpunkt des Sicherheitsmanagements. In: Wirtschaftsinformatik'95. Heidelberg 1995. S. 169 - 184.

[Perr95a]
Perrochon, L.: On the Integration of Legacy Information Systems into the World-Wide Web (19. 12. 1995). In: http://www.inf.ethz.ch/department/IS/ea/publications/gisi95.html

[Perr95b]
Perrochon, L.; Fischer, R.: IDLE: Unified W3-access to interactive information servers. Third International World-Wide Web Conference 1995 (10. 10. 1996). In: http://www.inf.ethz.ch/department/IS/ea/publications/ www95.html

[Pits96a]
Pitschek, G. A.: Die nächste Generation - Die optimale Abwicklung von Intranet-Projekten. In: M@il 1 (1996) 10, S. 40 - 41.

[Pits96b]
Pitschek, G. A.: Neues IT-Szenario beim Umgang mit digitalen Dokumenten. In: Computerwelt (1996) 44, S. 28 - 29.

[PoBl93]
Pomberger, G.; Blaschek, G.: Software Engineering - Prototyping und objektorientierte Softwareentwicklung. Wien 1993.

[Ramm95]
Ramm, F.: Recherchieren und Publizieren im World Wide Web. Braunschweig/Wiesbaden 1995.

[ReEd96]
Rees, O.; Edwards, N.; Madsen, M.; Beasley, M.; McClenaghan, A.: A Web of Distributed Objects. In: World Wide Web Journal. Boston 1995.

[RuBl91]
Rumbaugh, J.; Blaha, M.; Premerlani, W.; et al.: Object-Oriented Modeling and Design. New York 1991.

[Sano96]
Sano, D.: Designing Large-Scale Web Sites. A Visual Design Methodology. New York et al. 1994.

[Sant90]
TCP/IP und NFS in Theorie und Praxis. Bonn et al. 1990.

[SAP96a]
N. N.: R/3 System - The Business Framework (11. 12. 1996). In: http://www.sap.com/r3/bfw/integ/aleweb.htm.

[SAP96b]
N. N.: SAP R/3 Release 3.1 - The Foundation for Genuine Business on the Internet. Walldorf 1996.

[Scha96]
Scharl, A.: Referenzmodellierung kommerzieller Masseninformationssysteme. Dissertation, Wien 1997.

[Sche95]
Scheer, A.-W.: Wirtschaftsinformatik - Referenzmodelle für industrielle Geschäftsprozesse. Berlin et al. 1995.

[Schn94]
Schneier, B.: Applied Cryptography - Protocols, Algorithms, and Source Code in C. New York et al. 1994.

[Schö95]
Schoenfeldinger, W. J.: WWW Meets Linda: Linda for global WWW-based transaction processing systems. In: World Wide Web Journal. Boston 1995.

[Scot96]
Scotkin, J.: Java - Das Drei-Schichten-Konzept. In: Java Spektrum 1 (1996) 2.

[ScRo95]
Schwabe, D.; Rossi, G.: The Object-Oriented Hypermedia Design Model. Communications of the ACM 38 (1995) 8, S. 45 - 46.

[Somm96]
Sommergut, W.: Das Intranet als Gleichmacher für die Unternehmens-DV. In: Computerwoche (1996) 26, S. 9 - 10.

[Sims96]
Sims, O.: The OMG Steps Up - A radical expansion of ist aims: Business Objects. In: Object Expert 1(1996) 4.

[Sper96]
Spero, S.: Progress on HTTP-NG (4/1996). In: http://www.w3. org/pub/WWW/Protocols/HTTP-NG/http-ng-status.html.

[Stein96]
Steinmüller, U.: Java - Nicht nur eine Sprache für das Internet. In: Java Spektrum 3 (1996) 1.

[TaLi97]
Takahashi, K.; Liang, E.: Analysis and Design of Web-based Information Systems. In: Proceedings of the 6th World Wide Web Conference, pp. 377 - 389.

[Tayl95]
Taylor, D. A.: Business Engineering with Object Technology. New York 1995.

[Wayn95]
Wayner, P.: Agents Unleashed - A public domain look at agent technology. Chestnut Hill 1995.

[WeJo96]
Weiss, M.; Johnson, A.; Kiniry, J.: Distributed Computing: Java, CORBA, DCE. OSF Research Institute (12. 2. 1996). In: http://www.informatik.uni-essen.de/Dokumente/java/ corba.htm

[WeOb96]
N. N.: WebObjects - Dynamic Applications for the World

Wide Web (5. 5. 1996). In: http://www.next.com/ WebObjects/WebObjectsDynamic.html

[Wied92]
Wiederhold, G.: "Mediators in the Architecture of Future Information Systems". In: IEEE Computer (1992) 3, pp. 38 - 49.

[Wied95a]
Wiederhold, G.: Value-added Mediation in Large-Scale Information Systems. Proceedings of the IFIP DS-6 Conference (1995). In: http://www-db.stanford.edu/pub/gio/

[Wied95b]
Wiederhold, G.: Digital Libraries, Value, and Productivity. In: Communications of the ACM 38 (1995) 4, pp. 85 - 96.

[Wile95]
Wilensky, R.: UC Berkeley's Digital Library Project. In: Communications of the ACM 38 (1995) 4, pp. 60.

[W3C96a]
W3C: CGI - Common Gateway Interface (3. 2. 1996). In: http://www.w3.org/pub/WWW/CGI/

[W3C96b]
N. N.: WWW and OOP (20. 7. 1996) In: http://www.w3.org/pub/WWW/OOP/

[Zehn91]
Zehnder, C. A.: Informatik-Projektentwicklung. Stuttgart 1991.

[Zubo95]
Zuboff, S.: The Emperor's New Workplace. In: 150th Anniversary Issue of Scientific American 9 (1995), pp. 203 - 204.

7 Glossar

Applet	Synonym für „kleines Java-Programm" mit grafischen Elementen, das innerhalb eines Web-Browser ablaufen kann.
Applet Viewer	Bestandteil des Java Developer Kit zum Anzeigen und Ausführen von Applets
Archie	Archie ist ein Suchprogramm, das von allen anonymen FTP-Servern im Internet Informationen sammelt und diese indiziert zur Verfügung stellt.
ARPANET	Eines der ersten paketvermittelnden Netze und Vorläufer des Internet.
AWT	Abstract Windowing Toolkit - Package von Klassen, die zur Gestaltung von grafischen Elementen in Java-Programmen einsetzbar sind.
Bandbreite	Maß für die Leistungsfähigkeit eines Datenübertragungsweges, wird als Frequenzbereich oder in bit/s angegeben.
CASE	Computer Aided Software Engineering, das heißt, rechnergestützte Softwareentwicklung.
CGI	Common Gateway Interface, quasi-standardisierte Schnittstelle zwischen HTTP-Server und von ihm ausgeführtem lokalem Programm.
Client-Server	Kooperative Verarbeitung von Transaktionen durch mindestens zwei Programme bzw. Prozesse - Client und Server - die

	unterschiedliche Aufgaben wahrnehmen. Client-Prozesse sind Besteller, Server-Prozesse sind Lieferanten von Diensten.
CORBA	Standard der OMG (Object Management Group). Stellt ein Bus-System zwischen Objekten in einer heterogenen Umgebung dar.
Cyberspace	Ausdruck von William Gibson aus dem Roman „Newromancer". Der Begriff beschreibt elektronische Räume und die damit verbundene Kultur.
Digitale Bibliothek	Eine digitale Bibliothek stellt eine Sammlung im Netz verteilter multimedialer Information dar.
DTD	Document Type Definition. In SGML beschreibt die DTD den syntaktischen Aufbau von Dokumenten, die zu einer Dokumentklasse gehören. Die DTD für HTML definiert die Syntax von Dokumenten dieser Sprache.
Framework	Ein Framework ist eine Softwareumgebung das die Anwendungsentwicklung für einen bestimmten Bereich vereinfachen soll.
FTP	File Transfer Protocol - ein Protokoll, das den Zugang zu einem Host und den Dateitransfer zu und von einem anderen Host über ein Netzwerk definiert.
garbage collection	Automatische Freigabe von nicht mehr benutzten Speicherblöcken.
Host	Leistungsstarker Rechner, auf dem verschiedene Aufgaben parallel durchgeführt werden und der vielen Nutzern über Trägernetze zur Verfügung steht.

HTML	Hypertext Markup Language - Das derzeit wichtigste im WWW verwendete Dokumentformat. HTML ist eine SGML-Anwendung.
HTTP	Hypertext Transfer Protocol - Kommunikationsprotokoll zur Datenübertragung zwischen WWW-Client und WWW-Server.
Hypertext	Rechnerunterstütztes Verwaltungssystem von Schriftstücken, das eine vielfältige, nichtlineare Verknüpfung von Texten bzw. Textteilen erlaubt. Die Beziehungen werden auf dem Bildschirm durch besonders hervorgehobene Markierungen gekennzeichnet.
IANA	Internet Assigned Numbers Agency, zuständig für die Koordination der weltweiten Vergaben von eindeutigen Parameterwerten für Internet-Protokolle.
IETF	Internet Engineering Task Force. Offene internationale Organisation, verantwortlich für die weitere Entwicklung des Internet. Die IETF publiziert RFCs.
IIOP	Internet Inter-ORB Protocol. Protokoll zur Kommunikation von Object Request Brokern im Internet.
Internet	Globales Netzwerk nach standardisiertem Protokoll (TCP/IP).
Interpreter	Programm, das den Java-Bytecode abarbeitet und dabei jeweils den Zustand der virtuellen Maschine aktualisiert.
Java	Amerikanischer Slang-Ausdruck für Kaffee. Programmiersprache von Sun Microsystems.

JDK	Java Developer Kit - frei verfügbarer Compiler für Java mit Interpretern, die auf den verschiedensten Betriebssystemen ablaufen.
Klasse	Konzept der objektorientierten Programmierung zur abstrakten Beschreibung einer Sache.
Kryptographie	Bezeichnet die unterschiedlichen Verfahren zur Verschlüsselung von Daten für den elektronischen Datenaustausch.
Methode	Schnittstelle eines Objektes in er objektorientierten Programmierung.
MIME	Mulitpurpose Internet Mail Extension. Ein Internet-Standard zur Übertragung beliebiger Datenformate (Text, Ton, Bild ...) mittels E-Mail. Aus verschiedenen Datentypen zusammengesetzte Nachrichten sind ebenfalls möglich.
Objekt	Objekte werden durch ihre Eigenschaften beschrieben. Objekte mit gleichen Eigenschaften werden zu einer Klasse zusammengefaßt.
on-line	Aufrechte Verbindung zwischen zwei Endgeräten oder zwischen einem Nutzer und einem Anbieter von Diensten die über Telekommunikationsleitungen bereitgestellt werden.
Package	Zusammenfassung von verschiedenen Java-Klassen zu einer Bibliothek.
Paketvermittlung	Die zu übertragenden Informationen werden in Pakete unterteilt und als solche zum Empfänger übertragen. In einem gewissen Umfang kann vom Netz auch eine Protokollwandlung durchgeführt werden. In den Pausen zwischen den Datenpake-

	ten steht die Übertragungskapazität anderen Benützern zur Verfügung.
Protokoll	Vereinbarung über die Vorgänge bei der Datenübertragung. Protokolle sind Grundlage für einen reibungslosen Austausch von Daten.
Proxy	Ein Programm, das sowohl als Server als auch als Client fungiert. Zum WWW-Browser fungiert es als Server, ist aber selbst Client zu einem anderen Server. Die Funktion eines Proxies ist die der Übersetzung der Übertragungssyntax.
Proxy-Cache	Proxy-Caches sind Systeme, die oft abgefragte Seiten und Seiteninhalte zwischenspeichern. Clients, die auf die gleiche WWW-Seite zugreifen, können also auf den schnelleren, lokalen Zwischenspeicher zugreifen und müssen die Daten nicht mehrfach aus dem Internet holen.
Request	Eine Nachricht vom WWW-Browser zum Server, die Information anfordert.
Response	Die Antwort des Servers auf einen Request des WWW-Browser mit Statusmeldung und/oder angeforderter Information als angehängtem Inhalt.
Ressource	Ein Datenobjekt oder Dienst im Netzwerk, das/der durch eine URL identifiziert werden kann.
RFC	Request for Comments. Eine Serie von Dokumenten, die die Internet-Protokolle dokumentieren.
SGML	Standard Generalized Markup Language. Internationaler Standard der ISO für Textauszeichnungssprachen.

Site	Bezeichnung für einen Rechner, der am Nachrichtensystem aktiv oder passiv teilnimmt.
SMTP	Simple Mail Transfer Protocol. Protokoll, das für den Transfer von E-Mail zwischen zwei Servern im Internet verwendet wird.
TCP/IP	Transmission Control Protocol/Internet Protocol. Übertragungsnorm in internetfähigen Netzen.
Thread	Nebenläufigkeit, parallele Ausführung von Programmbestandteilen in einem einzigen Prozeß (d. h. im gleichen Adreßraum).
URI	Uniform Resource Identifier, die Adresse einer im Internet liegenden Ressource. Ein URI ist entweder ein URL oder ein URN.
URL	Uniform Resource Locator. Spezifiziert die genaue Adresse einer Ressource mit Zugriffsschema (Protokoll) und weiteren Angaben (Servername, Protnummer, virtueller Dateiname ...).
URN	Uniform Resource Name, weltweit eindeutige Kennung einer Ressource. Im Unterschied zum URL legt ein URN nicht fest, wo das Dokument physikalisch liegt.
Virtuelle Maschine	Modell eines Prozessors, der in der Lage wäre, Java-Bytecode direkt auszuführen. Da die meisten Prozessoren den Java-Bytecode nicht direkt ausführen können, wird das Modell durch einen *Interpreter* in Software abgebildet.
VRML	Virtual Reality Modeling Language. Beschreibungssprache für dreidimensionale Szenen. Der Benutzer kann sich mit einem VRML-fähigen WWW-Client oder ei-

	nem dedizierten VRML-Viewer durch diese Szenen bewegen.
WAIS	Wide Area Information Service. Suchprogramm im Internet, das Datenbanken nach Volltexten absuchen kann.
W3C	World Wide Web Consortium. Herstellerübergreifende Organisation zur Koordinierung der weiteren Entwicklung des WWW, von Spezifikationen und von Referenzsoftware.
WWW, Web	World Wide Web. Ein auf Hypertext basierendes, verteiltes Informationssystem im Internet.

8 Abkürzungsverzeichnis

ACL	Access Control List
ALE	Application Link Enabling (SAP)
ANSI	American National Standards Institute
API	Application Programming Interface
ARIS	Architektur Integrierter Informationssysteme
ARPA	Advanced Research Projects Agency
BAPI	Business Application Programming Interface (SAP)
CA	Certification Authority
CASE	Computer Aided Software Engineering
CCITT	Consultive Committee on International Telegraphy and Telephony
CDS	Cell Directory Service
CGI	Common Gateway Interface
COM	Component Object Model (Microsoft)
CORBA	Common Object Request Broker Architecture (OMG)
DBMS	Datenbankmanagementsystem
DCE	Distributed Computing Environment (OSF)
DCOM	Distributed Component Object Model (Microsoft)
DDE	Dynamic Data Exchange (Microsoft)
DIT	Directory Information Tree

DES	Data Encryption Standard
DNS	Domain Name Service
DTD	Document Type Definition (SGML)
EDI	Electronic Data Interchange
EIS	Executive Information System
EIT	Enterprise Integration Technologies
FTP	File Transfer Protocol
GIF	Graphics Interchange Format
GUI	Graphical User Interface
HDM	Hypertext Design Model
HTML	Hypertext Markup Language
HTTP	Hypertext Transfer Protocol
HTTP-NG	Hypertext Transfer Protocol Next Generation
IANA	Internet Assigned Numbers Agency
IDC	Internet Database Connector
IDL	Interface Definition Language
IETF	Internet Engineering Task Force
IIS	Internet Information Server
IIOP	Internet Inter-ORB Protocol
IPv6	Internet Protocol Version 6
IRTF-RD	Internet Research Task Force on Resource Discovery
IS	Informationssystem
ISAPI	Information Server API
ISO	International Standards Organization
ISOC	Internet Society

IT	Informationstechnologie
JDBC	Java Database Connectivity
LAN	Local Area Network
MIME	Mulitpurpose Internet Mail Extension
MIS	Management Information System
NCSA	National Center for Supercomputing Applications
NNTP	Network News Transport Protocol
NSAPI	Netscape Server API
NSF	National Science Foundation
OCX	OLE Customer Controls (Microsoft)
ODP	Open Distributed Processing (ISO)
ODBC	Open Database Connectivity
OLE	Object Linking and Embedding (Microsoft)
OMG	Object Management Group
OO	Objektorientierung
OSF	Open Software Foundation
PC	Personal Computer
PCT	Private Communication Technology
PDA	Personal Digital Assistant
RFC	Request For Comment
RMDM	Relationship Management Data Model
RMM	Relationship Management Methodology
RPC	Remote Procedure Call
S-HTTP	Secure HTTP
SET	Secure Electronic Transactions

SGML	Standard Generalized Markup Language
SMTP	Simple Mail Transfer Protocol
SNMP	Simple Network Management Protocol
SQL	Structured Query Language
SSL	Secure Sockets Layer
TCL	Tool Command Language
TCP/IP	Transmission Control Protocol/Internet Protocol
UDP	User Datagram Protocol
URI	Uniform Resource Identifier
URL	Universe Resource Locator
URN	Uniform Resource Name
VRML	Virtual Reality Modeling Language
W3C	WWW Consortium
W3DT	WWW Design Technique
WAN	Wide Area Network
Web	World Wide Web
WRB	Web Request Broker (Oracle)
WWW	World Wide Web

9 Sachwortverzeichnis

M

Methode ix; 5; 7; 16; 23; 26;
33; 34; 44; 47; 51; 68; 71;
85; 86; 90; 95; 96; 97; 98;
99; 102; 107; 109; 120; 121;
136; 138; 144; 149; 151;
162
micro payment 64
MIME 14; 16; 162; 168
Mobile Code 37; 42

N

National Science Foundation
2; 9; 168
NetREXX 42
Network Control Protocol 9
Netzwerkschicht 10
Netzwerkzugriffsschicht 10
NNTP 13; 21; 134; 168
NSF 2; 9; 148; 153; 168

O

Obliq 42; 48
OCX 85; 168
ODBC 81; 89; 168
OLE 47; 84; 88; 168
OMG 81; 84; 85; 86; 88; 89;
157; 160; 166; 168

P

Package 46; 80; 138; 139;
159; 162
PCT viii; 56; 58; 71; 168
Penguin 42
Phasenschema 102; 103
Port 9; 13; 15; 18; 22; 44;
108
Protokoll viii; 9; 10; 11; 15;
16; 18; 21; 27; 28; 32; 51;
56; 57; 60; 63; 65; 71; 77;
78; 89; 90; 91; 131; 133;
134; 143; 160; 161; 162;
163; 164
Proxy 18; 27; 32; 86; 134;
163
Proxy-Cache 27; 163
Python 42

R

Referenzarchitektur 85
relational 88; 134; 137
Relationship Management
Methodology 116; 119;
168
Request 11; 15; 17; 18; 22;
23; 24; 27; 28; 77; 85; 88;
89; 90; 137; 138; 161; 163;
166; 168; 169
Response 16; 17; 163
Ressource ix; 4; 15; 17; 23;
25; 29; 43; 52; 56; 70; 72;
83; 88; 104; 105; 134; 163;
164
Revolution 101
RFC 11; 13; 14; 20; 73; 75;
161; 163; 168
RMDM 117; 118; 119; 168
RMM 116; 117; 119; 125;
151; 168
Roboter 67; 68
RPC 168

S

SAP ix; 24; 78; 79; 91; 92;
132; 135; 136; 137; 156;
166; 167; 168
SET 58; 65; 168
SGML 19; 160; 161; 163; 167;
169
S-HTTP viii; 56; 58; 60; 71;
168